KB024567

지리교사의 서울 도시 산책

지리교사의 서울 도시 산책

역사보전의 공간

초판 1쇄 발행 2017년 4월 3일
초판 2쇄 발행 2018년 3월 9일

지은이 이두현

펴낸이 김선기
펴낸곳 (주)푸른길
출판등록 1996년 4월 12일 제16-1292호
주소 (08377) 서울시 구로구 디지털로 33길 48 대륭포스트타워 7차 1008호
전화 02-523-2907, 6942-9570~2
팩스 02-523-2951
이메일 purungilbook@naver.com
홈페이지 www.purungil.co.kr

ISBN 978-89-6291-383-5 03980

• 이 도서의 국립중앙도서관 출판예정도서목록(CIP)은 서지정보유통지원시스템 홈페이지(http://seoji.nl.go.kr)와 국가자료공동목록시스템(http://www.nl.go.kr/kolisnet)에서 이용하실 수 있습니다.(CIP제어번호: CIP2017006325)

지리교사의 서울 도시 산책

역사 보전의 공간

이두현 지음

산책을 나서며

대한민국 수도 서울, 우린 이곳에 살면서 일상에 파묻혀 삶의 작은 여유조차 느끼지 못한 채 살아갑니다. 그렇게 도시민으로 살아가면서 간혹 일상의 무료함이 온몸을 감쌀 때, 이 고층 빌딩 숲을 한번쯤 벗어나고 싶다는 충동을 느낍니다. 분주하게 준비해서 떠나야 하는 긴 여행을 바라는 것이 아닙니다. 그냥 삶의 작은 쉼표라도 한번 찍을 수 있는 그런 여행이면 됩니다. 그렇다고 마냥 쉼만 있는 휴양이 아닌, 여행의 여정 가운데 느낌표가 가득하고 그 중간에 작은 쉼표를 찍을 수 있는 그런 산책 같은 여행이면 좋겠습니다.

이런 여행을 즐길 수 있는 곳은 어디에 있을까요? 너무 멀리 가야만 찾을 수 있는 것은 아닌가요? 사실 이런 곳은 우리 주위에 항상 있어 왔습니다. 우리는 이를 모른 채 살아왔을 뿐입니다. 특히 수도 서울은 전통문화에서부터 현대에 이르기까지, 각양각색의 경관들로 가득한 곳입니다. 조선왕조의 역사를 그려 볼 수 있는 궁궐 산책을 떠나 보는 것은 어떨까요? 젊은이들의 핫 플레이스로 손꼽히는 홍대거리나 신사동 가로수길을 걸어 보는 것도 좋을 겁니다. 아니면 벽화 골목이 조성된 문래동 철공 골목이나 이화마을, 홍제동 개미마을은 어떨까요?

이 책에서 소개할 곳은 서울 5대 궁궐 옆, 작은 마을들입니다. 경복궁 옆 동네인 북촌과 서촌, 그 아랫동네인 인사동, 그리고 덕수궁 옆 정동 일대입니다. 장엄한 분위기의 궁궐보다는 편안한 마음으로 산책을 즐길 수 있는 곳들입니다. 역사·문화유산이 곳곳에 남아 있을 뿐만 아니라 그것이 현대와 공존하고 있는 기억의 공간입니다. 무엇보다 박물관처럼 경직된 공간이 아니라 사람들이 살고 있는 공간이기에 그 가치가 더욱 큽니다. 화려하거나 세련되지 않으며, 사람들을 압도하는 건물도 없습니다. 궁궐 옆에 있기 때문에 아직까지 고층 빌딩으로 개발되지 않았고 서울의 가장 한가운데 있으면서도 오히려 서울답지 않은 곳입니다.

마을 곳곳에 비밀스레 명소들이 숨어 있어 소풍 가서 보물찾기를 하듯 설렙니다. 산책 나온 이들과 인사를 나누는 것도, 외국인 방문객들을 만나는 것도 모두 즐겁습니다. 무엇보다 주민들의 소박한 삶의 모습을 보는 것이 산책의 묘미입니다. 오래전부터 이곳을 삶의 터전으로 삼아 살아온 이들부터 이제 막 이곳을 자신의 생활공간으로 선택한 젊은이들까지, 그들의 사연 하나하나가 흥미롭습니다. 옛 삶의 모습대로 살아가고 있지는 않지만 이곳에 있다는 이유 하나만으로 그들에게서 전통의 향기가 묻어납니다.

이 책은 필자가 10여 년 동안 서울을 여행하면서 쓴 글을 엮은 것입니다. 누구나 여행을 했던 공간이기는 하지만 여행하면서 놓쳤던 그 무언가를 발굴한다는 기분으로 썼습니다. 누군가 걸었던 길을 가는 것보다는 비밀스러운 공간을 찾아 나서는 것이 필자의 꿈이었습니다. 그리고 멀리 가지 않더라도 가까운 곳에서 그 꿈을 이룰 수 있다는 사실을 알게 되었습니다.

처음 이 글을 쓰기 시작할 때는 쉽게 쓰일 것이라고 생각했습니다. 2014년에 2년여 간의 집필을 마무리했습니다. 하지만 그 이후 이 원고가 책으로 나오기까지 꽤나 긴 수정 기간을 거쳤습니다. 글에서 하나씩 부족한 부분들이 보이기 시작했습니다. 다시 한 번 홀로 여행의 시간을 가졌습니다. 주말이 되면 서울 곳곳을 찾아가면서 부족한 부분들을 채워 나갔습니다.

글을 쓰면서 가장 고민했던 부분은 소중한 시간을 내어 이 글을 읽게 될 독자였습니다. 청소년부터 성인까지, 여행을 좋아하는 모든 독자에게 서울 산책의 묘미를 선사하고 싶었습니다. 더불어 우리가 살고 있는 곳곳에 숨 쉬고 있는 우리 문화와 그 공간들의 소중함을 깨닫는 계기가 되길 바랍니다.

끝으로 이 책을 집필하고 출판하는 데 아낌없는 조언을 해 주신 선생님들께 감사드립니다. 그동안 함께 답사를 도와주신 안지혜 님께도 감사의 말을 전합니다. 무엇보다 이 책이 출판되기까지 함께 수정하며 글 하나하나에 정성을 기울여 주신 (주)푸른길의 모든 분들께 감사한 마음을 전합니다.

정동길 한 작은 카페 모퉁이에 앉아서 이 글을 씁니다.

차 례

서촌

덕수궁, 정동길

북촌

한옥 속에 살아 있는 서울의 근현대 산책

과거의 역사가 고스란히 남아 현재의 삶과 공존하고 있는 공간, 바로 서울 속의 살아 있는 전통 한옥 마을 '북촌'이다. 서울 종로구 원서동, 가회동, 삼청동 일대로 한양의 중심이었던 곳이다. 지금은 미로같이 이어진 한옥 골목길을 따라 역사·문화자원과 박물관, 그리고 다채로운 체험을 할 수 있는 공방과 갤러리 등이 자리 잡고 있다. 발길 닿는 곳곳에서 고유한 우리 문화를 체험할 수 있어 내국인뿐만 아니라 외국인 방문객들도 즐겨 찾는 명소가 되었다. 숨은 비경들을 방문객이 좀 더 쉽게 감상할 수 있도록 서울시에서는 여덟 곳을 선정해 '북촌 8경'으로 지정하였다. 지금은 수많은 관광객들로 붐벼 골목의 한적한 느낌을 잃어버린 듯하지만 조금 이른 시간에 골목을 걸으면 은은히 풍기는 한옥의 솔 내음까지도 느낄 수 있다. 더불어 북촌의 생활상을 몸소 체험해 본다면 북촌 산책의 만족감은 더욱 커질 것이다.

북촌 첫 비경을 담은 골목, 계동길

한성부 북부 12방 중 하나였던 안국방

북촌 가는 길. 지하철 3호선을 타고 경복궁역과 종로3가역 사이, 안국역에 내린다. 안국역은 안국동이라는 동명에서 가져온 역명으로, 안국이란 조선 초기 이곳을 안국방(安國坊)이라고 불렀던 것에서 연유한다. 안국(安國)이라는 한자어에는 '나라의 평안'을 염원하는 뜻이 담겨 있다. 즉, 나라가 태평하고 백성이 편안하기를 바라는 국태민안(國泰民安)의 뜻을 가진다. 한성부 북부 12방 중 하나였던 안국방에는 현재의 재동·화동·안국동이 포함된다.

안국역 3번 출구로 나오면 왼쪽으로 율곡로를 따라 이어진 상가 건물 뒤편으로 1970~1980년대 우리 건설 산업의 상징이었던 현대건설의 사옥이 보이기 시작한다. 그 사이로 난 좁은 골목길이 이번 산책의 시작을 여는 계동길이다.

경복궁과 창덕궁 사이에 자리 잡고 있는 북촌은 서울에서 가장 큰 규모의 한옥 마을로 그 규모가 약 107만 제곱미터에 달한다. 북촌은 삼청동, 가회동, 계동, 재동, 안국동, 원서동을 비롯하여 율곡로 너머 경운동, 관훈동,

북촌의 첫 문을 여는 계동길

운니동까지를 포함한다. 뒤로는 북악산(백악산)과 응봉이 있고, 남쪽으로는 남산이 있어 풍수지리로 볼 때 명당 중 명당이다. 북촌 아래로는 남촌, 그 좌측으로 경복궁 너머엔 서촌이 있다. 청계천을 경계로 북촌과 남촌으로, 경복궁을 경계로 북촌과 서촌으로 구분된다. 조선이 한양을 수도로 삼았을 때부터 북촌과 남촌에는 신분과 당색이 서로 다른 사람들이 거주하였다. 북악산 아래 북촌은 고위 관료들의 거주지였고, 목멱산(남산) 아래 남촌은 상대적으로 하급 관료들이나 중인들의 거주지였다. 여덟 명의 판서가 살았다고 하여 붙여진 팔판동(八判洞)이라는 동명만 보더라도 북촌에 당시 고위 관료가 많이 살았음을 확인할 수 있다. 영·정조 때부터 고종 때까지 북촌은 당시의 집권 세력인 노론의 주요 거주지였다.

북악 줄기 아래 응봉에서 발원한 물줄기는 북촌의 북쪽에서 남쪽으로 흐르며 네 갈래로 갈라졌다. 그중 가장 큰 물줄기는 경복궁 우측을 타고 흐르는 중학천이고, 그다음은 운현궁 앞으로 흐르는 물줄기이다. 지금은 이 모든 물줄기가 도로가 되어 삼청동, 가회동, 계동, 원서동을 갈라놓고 있다.

제생원에서 시작된 역사 속 골목길, 현대 사옥과 관상감 관천대

현대 사옥 왼편으로 이어진 계동길, 한옥 담장이 이어진 풍경은 아니지만 고층 빌딩이 즐비한 서울 도심과는 사뭇 다른 풍경이 펼쳐진다. 물론 삼청동이나 가회동처럼 상업화가 진전된 곳도 아니다. 길을 따라 간간이 한옥이 있고, 그 사이로 전통 카페와 공방이 들어서 있을 뿐이다.

이 골목은 조선 시대에 승문원, 제생원, 관천대 등 관아가 있던 곳이다. 계동(桂洞)이란 이름은 1914년 행정 구역이 개편되면서 붙여진 것으로 조선 시대 서민 의료 기관이었던 제생원(濟生院)에서 유래한다. 이곳에 재생원이 있다고 하여 제생동(濟生洞)이라 하다가 계생동(桂生洞)으로 바뀌었고, 이후 계생동이 기생동(妓生洞)로 잘못 들린다 해서 '생' 자를 생략하고 계동으로 부르게 된 것이다.

첫 산책지는 아치형 틀에 고동색의 줄무늬가 돋보이는 파사드(건축물의 정면 외벽 부분)를 보여 주는 현대 계동 사옥이다. 1983년 준공되어 당시 현대그룹이라는 기업의 위상을 보여 주었던 상징적인 건물이다. 그러나 현대그룹의 계열사가 분리되고 경기가 악화되면서 그 위상이 많이 추락했다.

건물 앞으로는 조선 시대에 해와 달의 움직임, 즉 천문을 관측하던 시설인 관상감 관천대(觀象監觀天臺)가 위치하고 있다. 보물 제1740호인 관상감 관천대는 창경궁 마당에 남아 있는 관천대와 함께 조선 시대의 대표적인 천문대로 꼽힌다. 창경궁 관천대는 국왕이 천문을 관측하던 곳이었고, 관

현대 계동 사옥. 1983년 준공되어 당시 현대의 위상을 보여 주었던 상징적인 건물이다. 사옥의 화단에 제생원 터가 있다.

현대 사옥 마당에 위치한 관상감 관천대. 조선 시대에 해와 달의 움직임을 관측하던 시설이다.

상감 관천대는 관상감 관리들이 천문을 관측하던 곳이었다. 창경궁 관천대와 구분하기 위해서 관상감 관천대라고 부르고 있다.

외교 문서를 담당했던 승문원(承文院)은 세종 때 경복궁으로 옮겨 갔다. 제생원은 세조 때 혜민서와 합쳐지고 그 터에 경우궁(景祐宮-순조의 친모인 수빈 박씨綏嬪朴氏의 사당)과 계동궁(桂洞宮-고종의 사촌 형인 이재원의 집)이 자리 잡게 되었다. 이 두 궁은 갑신정변 때 고종과 왕비의 임시 처소가 되기도 했다.

현대 계동 사옥이 들어서기 전, 이곳에는 휘문학교가 자리 잡고 있었다. 휘문학교는 1906년 5월 1일 친일 반민족 행위자로 알려진 민영휘(閔泳徽)●가 서울 교사를 신축하고 고종으로부터 '휘문'이란 교명을 하사받아 휘문의숙(徽文義塾)으로 개교하였다. 휘문의 '휘'는 민영휘의 이름 '휘(徽)'에서 따왔다. 1909년 일제로부터 자작의 작위를 받았고 식민지 한반도 최고의 부자였던 그가 교육 사업을 했다는 것이 아이러니할 따름이다. 현재 강남으로 옮긴 휘문고등학교의 이사장은 여전히 민영휘의 후손이다. 해방 후 휘문(중)학교에서는 여운형(呂運亨)●의 건국준비위원회가 주도한 첫 정치 집회가 열렸다. 반민족 행위자가 세운 학교에서 민족 지도자가 대중 연설을 한 셈이다.

● 민영휘의 증손자 민덕기는 1937년 풍문여고 터를 구입해 1944년 재단법인 풍문학원을 인가받은 후 1945년 풍문여고를 설립했다. 이 터에는 1881년 고종이 안국방 소안동에 지은 별궁인 안동별궁이 자리 잡고 있었다. 1882년 조선의 마지막 왕이었던 순종이 가례를 올렸던 곳이다. 1910년 일제에 국권을 빼앗긴 이후에는 궁녀들의 거처로 사용되었다. 풍문여고 설립 후 1965년에는 학교 부지를 더욱 확보하기 위해 별궁의 정화당과 경연당, 현광루 등을 해체하였다. 2015년 5월 서울시는 이곳을 공예문화박물관으로 변화시키기 위해 부지를 매입하기로 결정했다고 밝혔다. 무려 1,030억 원에 달하는 금액을 지불한다고 하니 친일 재산을 환수하지 못한 아쉬움이 앞선다.

● **여운형과 그의 휘문학교 연설**

조선건국준비위원회의 위원장을 지냈던 여운형은 김규식, 안재홍과 함께 대한민국 임시 정부 수립을 위해 좌우 합작 운동을 전개하였던 인물로 1947년 테러를 당해 생을 마감했다.

"조선 민족의 해방의 날이 왔습니다. (중략) 나는 다섯 가지 조건을 요구하였습니다. 그리하여 총독부로부터 치안권과 행정권을 이양받았습니다. 이제 우리 민족은 새 역사의 일보를 내딛게 되었습니다. 우리는 지난날의 아프고 쓰라린 것을 다 잊어버리고, 이 땅에 합리적이고, 이상적인 낙원을 건설하여야 합니다. 개인의 영웅주의는 단연 없애고, 끝까지 일사불란한 단결로 나아갑시다. (중략) 이제 곧 여러 곳으로부터 훌륭한 지도자가 들어오게 될 터이니 그들이 올 때까지 우리들의 힘은 작으나마 서로 협력하지 않으면 안 될 것입니다." (1945년 8월 16일)

계동길을 사이에 두고 현대 사옥 맞은편으로는 한정식집, 부동산, 카페, 문구점 등이 있고, 그 위로 한식집, 슈퍼마켓과 문구점을 겸하는 작은 상점, 사진관이 인접해 있다. 그중 '한정식 북촌리(北村里)'라는 간판을 단 한옥은 과거 을사 조약에 반대했던 한규설의 손자 한학수가 살았던 집이다. 또한 조선건국준비위원회의 구성에 자극되어 1945년 원세훈이 주도한 고려민주당이 결성된 곳이기도 하다. 고려민주당은 최초의 우익 정당으로 이곳에서 범민족 세력을 규합하여 같은 해 8월 조선민족당으로, 다시 9월 한국민주당으로 발전되었다.

1945년 고려민주당이 결성되었던 한학수의 집(北村里라는 간판을 단 한옥)

길게 이어진 단층의 한옥 상점들 뒤쪽으로는 3층 규모인 보현빌딩이 들어서 있다. 세련된 건축미가 돋보이지만 주변 한옥과 조화를 이루지 못해 아쉬운 마음이 드는 이 빌딩은 조선건국준비위원회가 창립될 당시, 그 본부였던 곳이다. 원래는 항일 의병장이었던 임용상의 집터였다. 임용상은 을사조약에 대항해서 의병을 조직해 청송 지

보현빌딩. 조선건국준비위원회 창립 본부였다.

역을 무대로 활약했던 인물이다. 이 빌딩이 1층 정도로 건축되었다면 북촌 1경으로 가는 길이 제법 운치 있게 이어졌을 텐데 한옥 경관을 헤쳐 안타깝다.

전통 한옥 체험 명소 북촌문화센터와 70년 전통의 최소아과의원

보현빌딩을 지나 20여 미터를 오르면 '북촌문화센터'가 나온다. 서울시에서 무료로 운영하는 한옥 체험 센터로 규모는 작지만 북촌 전통 한옥의 모습을 고스란히 보여 주는 첫 명소다. 북촌에 대한 자긍심을 심어 주고 수준 높은 전통문화를 향유할 수 있는 문화 프로그램을 제공하기 위해 2002년에 개관하였다.

북촌문화센터는 일제 강점기에 탁지부의 재무관을 지낸 민형기의 집을 복원한 것으로 '민재무관댁' 또는 '계동마님댁'으로 불렸던 곳이다. 1921년 대궐 목수가 창덕궁의 연경당을 본떠 지은 한옥으로 건축학적 가치가 크다. 원래 안채, 바깥채, 앞행랑채, 뒷행랑채, 사당 등 'ㄷ'자형 구조로 구성되어 있었다. 현재는 한옥 개보수 기준 조례에 의거해 최대한 원형을 보존하고 복원하는 데 중점을 두어 개보수된 것이다.

문화센터의 정문 역할을 하는 문간채를 지나면 사랑채로 이어진다. 사랑(舍廊)채는 집의 안채와 따로 떨어져 있어 '바깥주인'이라고 부르는 가장이 머무르면서 손님을 접대하던 곳이다. 사랑채 옆으로는 안사람이 지낸다는 안채가 있고 그 뒤로는 별당이 있다. 안채 앞쪽에 자리 잡은 뒷행랑채는 지금은 홍보 전시관으로 사용되고 있다. 홍보 전시관에 들어서면 북촌 지역의 역사와 한양 도성 600년의 발자취를 비롯해 북촌 한옥의 구조를 살펴볼 수 있다. 끈질긴 생명력을 가진 한옥의 특징과 최근 새롭게 변화되고 있는 한옥의 모습을 체험해 본다. 또한 북촌의 역사와 가치를 보존해 나가는 우리의 노력들을 영상물을 통해 느껴 본다. 홍보 전시관을 나오는 출구에는 북촌의 곳곳에 산재해 있는 문화재와 전통문화를 체험할 수 있는 북촌 관

2002년 개관하여 북촌 전통 한옥의 모습을 체험할 수 있는 북촌문화센터

최소아과의원. 1940년대 개원한 병원으로 일제 강점기 모습 그대로 지금까지 유지하고 있다.

광에 관한 도보 관광 지도가 구비되어 있다. 지도 하나를 꺼내 들고 북촌 8경 코스를 보며 머릿속으로 동선을 그려 본다.

홍보 전시관에서 나와 정자를 돌아 안쪽에 자리한 안행랑채로 이동한다. 안행랑채는 방문객들이 우리나라의 전통문화를 직접 체험해 볼 수 있도록 마련해 놓았다. 한옥의 구조 하나하나에 관심을 가지고 자세히 살피며 전통 한옥의 매력을 몸소 느껴 본다.

북촌문화센터에서 나와 계동길로 올라가는 길, 한옥 체험의 여운이 가시기 전에 소박한 건물 하나가 유난히 시선을 끈다. 오랜 세월 속에 붉은 벽돌의 색조차 바랜 2층 벽돌집이다. '최소아과의원'이라는 간판도 하얀 바탕에 검은 글씨로 만들어진 것이 꽤나 예스럽다. 근대를 배경으로 한 시대극에 나올 법하다. 이 소아과는 1940년에 개원하여 옛 모습 그대로 70년이 넘는 세월을 이어 오고 있다. 머리가 희끗한 최익순 원장은 70년의 세월을

이 병원에 몸담아 진료하고 있는 북촌의 산증인이다. 어린아이를 손주 다루듯 정성을 다해 진료하는 모습은 지금까지 수많은 의사의 귀감이 되고 있다.

담 너머 보이는 창덕궁의 풍경, 북촌 1경

최소아과의원 앞 사거리를 중심에 두고 북쪽으로는 기존의 차도가 한 차선으로 줄어든 계동길, 좌측으로는 재동초등학교로 가는 북촌로 4길, 우측으로는 창덕궁으로 가는 창덕궁 1길이 이어진다. 북촌 8경 중 첫 풍경이 펼쳐지는 북촌 1경을 보기 위해 창덕궁 1길로 발걸음을 옮긴다. 북촌을 대표

최소아과의원 앞길, 북쪽으로는 계동길, 좌측으로는 재동초등학교로 가는 북촌로 4길, 우측으로는 창덕궁으로 가는 창덕궁 1길이 이어진다.

하는 여덟 가지 풍경을 말하는 북촌 8경의 경치는 다음과 같다.

북촌 1경 담 너머 보이는 창덕궁 전경
북촌 2경 원서동 공방길
북촌 3경 가회동 11번지 박물관 골목
북촌 4경 기와지붕 넘실대는 가회동 31번지 풍경
북촌 5경 아래에서 올려다본 가회동 31번지 골목
북촌 6경 가회동 31번지 골목에서 내려다본 서울
북촌 7경 가회동 31번지 옆 골목 풍경
북촌 8경 삼청동 돌계단길

이 여덟 가지 풍경을 찾아 골목길을 산책하면서 전통 한옥 풍경의 정취를 느낀다. 민속촌이나 박물관처럼 과거의 공간이 아니라 주민들이 터전으로 삼아 현재를 살고 있는 곳이라는 점이 북촌이 보여 주는 매력이다. 과거형의 한옥이 아닌 살아 숨 쉬는 현재 진행형의 한옥이다. 약간 비탈진 창덕궁 1길을 따라 100미터 정도를 걸으면 북촌 1경이 보이기 시작한다. 궁궐 돌담 너머로 자연과 조화를 이룬 창덕궁이 한눈에 고스란히 담긴다. 북촌처럼 궁궐 바로 옆에 민가가 들어서는 것은 조선 법에서는 허용되지 않았다. 하지만 대부분의 왕들이 이를 묵인하여 마을이 들어섰고, 민가에서는 궁궐의 담을 제집 담처럼 사용하였다.

한 발짝 한 발짝 다가갈수록 창덕궁 안에 들어선 구 선원전, 규장각, 홍문관 등 궐내 각사와 인정전 등의 전각이 가까워지기 시작한다. 1경 절정에 다다르니 마치 조선으로 시간을 거슬러 올라가는 타임머신을 탄 듯한

북촌 1경. 돌담 너머로 창덕궁의 전경이 한눈에 고스란히 들어온다.

느낌이 든다. 창덕궁은 자연의 형세와 조화를 이뤄 조선 5대 궁궐 중 가장 아름다운 궁궐로 손꼽힌다. 조선 태종이었던 이방원이 경복궁을 건축한 지 10년도 채 되지 않아 동생을 죽인 곳에서 더는 살기 싫다고 하며 새롭게 창건한 궁궐이다. 개혁 정책과 탕평책 등을 통해 대통합을 이끌어 냈던 정조는 경관이 빼어난 창덕궁의 후원에서 자신을 지지해 줄 정치 세력의 기반을 다지기도 하였다.

-

북촌 2경,
그리고 계동길 따라 중앙고등학교까지

-

원서동 공방길, 북촌 2경

창덕궁 담장을 끼고 작은 공방과 갤러리, 카페 들이 들어선 창덕궁길을 따라 천천히 산책을 즐긴다. 400미터 정도 걸어 올라가면 이 길은 세 갈래로 나뉜다. 마을버스가 다니는 좌측 창덕궁길과 북쪽으로 이어진 두 개의 골목길이다. '메종 드 이네스(Maison de Ines)'라는 공방 건물을 사이에 두고

'메종 드 이네스'를 사이에 두고 두 개의 길로 나뉘는데 그중 오른쪽에 있는 길이 북촌 2경인 원서동 공방길이다.

갈라진 두 골목길 중 공방 오른편에 있는 길이 북촌 2경인 원서동 공방길이다. 원서동(苑西洞)은 창덕궁 후원의 서쪽에 있다고 해서 붙여진 이름으로, 과거 왕실 일을 맡아보던 사람들이 드나들었던 작은 길이다. 상궁이 궁에서 나온 후 처소로 삼았던 백홍범 집도 그대로 남아 있어 옛 모습을 그려볼 수 있다. 그러나 방문객들의 표정은 조금 아쉬워하는 듯 보인다. 그럴듯한 한옥에 전통을 체험할 수 있는 공방 거리가 펼쳐질 것으로 기대했던 모양새다.

예스럽게 정돈된 한옥만을 봐 온 방문객들이 지나쳐 가면서 보기에는 실망스러울지도 모른다. 하지만 조금만 가까이 다가가 들여다보면 이곳만의 매력을 금세 알아채게 된다. 공방 거리의 한옥들은 마을까지 뻗어 내려온 산줄기 아래 서로 벽을 기대며 세월을 벗 삼아 지내온 듯 정겹다. 지붕과 벽 일부를 제외하고는 모두 리모델링을 해 연(鳶) 공방, 한지 공방 등 전통 공방으로 옷을 갈아입었다. 그래도 서로 뽐내며 주변 경관을 헤치기보다는 세월의 흔적을 간직한 채 소박하게 어우러진 풍경이다.

공방에 들러 전통의 멋으로 재탄생된 상품들을 보면서 골목을 오른다. 공방길의 끝에는 빨래터 하나가 남아 있다. 조선 시대에는 창덕궁 돌담을 따라 시냇물이 흘렀고, 당시 궁 밖의 백성들이 궁에서 흘러나온 이 물로 빨래를 했다고 한다. 궁궐 안 신선원전에서 여인들이 세수를 하거나 빨래를 할 때 쌀겨와 조두 등을 사용했는데, 이 때문에 뿌연 색을 띤 물이 밖으로 흘렀고 이 물로 빨래를 하면 때가 잘 져서 백성들이 이 물이 흐를 때 빨래를 했다고 전해진다.

원서동 공방길. 개량 한옥이 줄을 지어 있고, 이곳에 연(鳶) 공방, 한지 공방 등 전통공방들이 마주하고 있다.

고소한 향기 가득한 대구참기름집, 황금알식당

북촌 2경 원서동 공방길에서 내려오다가 오른편으로 이어진 창덕궁길을 따라 올라가면 언덕 너머에 중앙고등학교가 자리 잡고 있다. 이 길을 따라 다시 아래쪽으로 이어진 길을 따라 내려가면 북촌 3경이다. 북촌 1경부터 8경까지 순서대로 골목길을 산책하는 것도 좋지만, 최소아과의원부터 시작해 중앙고등학교까지 이어지는 계동길도 제법 훌륭한 산책 코스다.

최소아과의원을 지나 가장 먼저 눈에 띄는 계동길 명소는 '대구참기름집'이다. 멀리서부터 고소한 참기름 냄새가 솔솔 풍겨 다가갈수록 군침이 돈다. 1975년 문을 연 이 참기름집은 간판부터 드나드는 문까지 옛날 그대로다. 조금 더 원색으로 덧칠을 했을 뿐이다. 기와를 얹은 지붕은 검은 천으로 덮어 놓았다. 오랜 세월만큼이나 빛이 바래고 물도 새기 때문이다. 앞으로도 가게가 명맥을 이어 가길 바라지만 주인 할아버지의 뒤를 누가 이어 갈 수 있을까? 할아버지 세대 이후에는 이곳이 공방이나 카페로 바뀔 것 같아 안타까운 마음이 든다.

이제는 현대적으로 탈바꿈된 공방과 게스트 하우스가 계동길의 주인이 된 듯하다. 골목길 사이마다 게스트 하우스가 많이 들어섰다. 북촌의 인기가 높아지면서 전통 한옥들이 점차 게스트 하우스로 바뀌어 계동길에만 10여 군데가 자리를 잡았다.

2014년 11월경만 해도 대구참기름집에서 100미터 정도 올라가면 길 오른편에 있는 허물어져 가는 한옥 한 채가 방문객들의 시선을 사로잡았다. 폐가처럼 떨어져 나간 기와에 시선을 빼앗겨 '황금알식당'이라는 간판도 눈에 들어오지 않았다. 황금알식당은 〈반짝반짝 빛나는〉이라는 드라마의

계동길의 명소 대구참기름집과 황금알식당

황금알식당 자리에 들어선 기념품 가게

이제는 작지만 현대식으로 만들어진 공방이 계동길의 주인이 된 듯하다. 중간마다 있는 작은 골목길 사이로는 게스트 하우스도 종종 눈에 띈다.

촬영 무대로 유명해졌지만, 그 전부터 가정식 백반으로 소문난 북촌 맛집이었다. 양은 냄비와 양철 도시락에 추억을 담은 음식을 맛볼 수 있다는 것이 이곳만의 매력이었다. 여러 가지 이야기들로 가득한 황금알식당은 '고시 식당'이라는 또 다른 간판을 달고 있었다. 고시식당은 고시생들을 위한 식당이라는 의미다. 고시생들에게 이곳의 인기 메뉴인 김치찌개와 된장찌개를 저렴한 가격에 제공하며 이들의 학업을 도왔다. 어찌된 영문인지 지금은 기념품 가게로 바뀌었고, 황금알식당은 다른 곳으로 떠나 아쉽기만 하다.

이가 문화체험원, 석정 보름 우물터

한옥 게스트 하우스들이 자리 잡은 계동길 사이에 '이가 문화체험원'이

이가 문화체험원은 북촌에서 우리 전통 맛과 멋을 함께 즐길 수 있는 명소다.

남향한 대청을 중심으로 좌우에 안방과 건넌방이 있고 그 아래로 주방과 화장실, 아랫방이 들어가는 'ㄱ'자형을 하고 있다.

라는 곳이 있다. 외관이 주변의 게스트 하우스와 비슷한 데다 간판에 한자로 '李家(이가)'라고만 쓰여 있어 자세히 보지 않으면 무엇을 하는 곳인지 알 수 없다.

문간채가 없이 단아하게 단장한 담장은 전형적인 북촌 개량 한옥의 형태를 갖추고 있다. 솟을대문을 지나 안으로 들어가니 좁은 툇마루가 이어진다. 왼쪽은 옛 정취가 흐르는 주거 공간의 형태이고 오른쪽은 한옥으로 만든 전통 체험장이다. 체험장은 마당이었던 곳을 개량해 만든 것이다. 남향의 대청을 중심으로 좌우에 안방과 건넌방이 있고 그 아래로 주방과 화장실, 아랫방이 들어가는 'ㄱ'자형 구조이다. 이곳이 외국인 관광객들에게 인기를 끄는 이유는 체험 위주로 운영되기 때문이다. 한복을 곱게 차려입고 전통차를 음미하며 다도를 배운다. 더불어 우리나라의 전통 음식인 김치를 담가 보면서 전통문화를 느껴 보고 전통 가정식을 맛본다.

이가 문화체험원에서 나와 중앙고등학교 쪽으로 올라가다 보면 길 중간에 작은 우물 하나가 있다. 보름 간격으로 맑았다 흐려지기를 반복하는 우물이라고 하여 '석정 보름 우물'이라 불린다. 이 우물물을 마시면 아들을 낳

1917년 설립된 중앙고등학교는 1908년 애국 계몽 운동 단체인 기호흥학회가 소격동에 세운 기호학교에서 출발하였다.

는다 하여 인근 궁궐의 궁녀들도 몰래 떠다 마시며 아들 낳기를 기원했다고 한다. 한국 최초의 외국인 신부인 주문모 신부와 한국인 최초의 신부인 김대건 신부가 신자들에게 세례를 줄 때 이 우물물을 사용했다는 이야기도 전해진다. 지금은 우물 입구까지 굳게 닫혀 있어 그 모양만 보고 어림짐작할 뿐이다.

한류 문화의 대표 명소, 중앙고등학교

드디어 계동길 끝이다. 그 끝에는 100년의 역사를 가진 중앙학교(현재 중앙고등학교)가 자리 잡고 있다. 한류의 효시라고 불리는 〈겨울연가〉의 촬영 장소로 지금도 일본인 관광객들을 비롯하여 중국, 동남아 관광객들이 즐겨 찾는 명소가 되었다. 드라마에서 주인공이었던 준상(배용준)과 유진(최지우)

중앙고등학교 정문에 있는 은행나무. 수령 500년에 둘레는 3미터가 넘고, 높이는 20여 미터에 달하는 보호수이다.

얼마 전까지만 해도 배용준과 최지우 같은 배우들의 캐리커처와 사진 등을 주로 판매하던 상점에서 이제는 이민호와 김수현 같은 새로운 한류 스타들과 관련된 상품을 판매하고 있다.

이 다니던 학교는 남녀 공학이었지만 실제 이 학교는 남자고등학교다. 얼마 전까지만 해도 배용준과 최지우 같은 배우들의 캐리커처와 사진 등을 주로 판매하던 상점에서 이제는 이민호와 김수현 같은 새로운 한류 스타들과 관련된 상품들을 판매한다. 배용준 브로마이드를 들고 행복해했던 일본의 중년 여성들에서 이제는 이민호와 김수현 사진이나 머그잔을 사 들고 기념사진을 찍는 젊은 중국인 관광객들로 그 대상이 변화되었다.

중앙고등학교는 한류 문화를 선도하는 장소이기도 하지만 우리나라 근대사의 한 획을 그은 역사적 장소로서의 가치가 더욱 크다. 중앙학교는 1917년 콩밭이었던 계산(桂山) 언덕에 세워졌다. 원래 이 학교는 1908년 애국 계몽 운동 단체인 기호흥학회가 소격동에 세운 기호학교(畿湖學校)에서 출발하였다. 하지만 재정난을 겪으면서 1915년, 경성방직회사를 창설하고 동아일보를 창간한 인촌 김성수가 인수하였다. 1919년 일본 유학생이었던 송계백과 현상윤(송계백의 보성중 선배), 송진우(당시 중앙고 교장) 등이 이 학교에서 2·8독립선언서 초안을 나누고 3·1운동의 시작을 알렸다.

김성수와 송진우는 함께 성장하여 무척이나 가까운 사이였고, 김성수를 비롯하여 송진우, 송계백, 현상윤이 모두 일본의 와세다 대학 출신들이었다. 3·1운동의 핵심 장소였던 중앙고등학교를 중심으로 교장 송진우가 중앙고에서 거주하였고, 김성수는 계동 130번지(현 김성수 고택), 한용운은 계동 43번지, 손병희는 가회동(현 북촌박물관), 최린은 재동 68번지(현 헌법재판소)에 서로 가까이 살았다. 중앙고등학교는 이러한 역사적 가치를 인정받아 1981년 사적 제281호(본관), 제282호(서관), 제283호(동관)로 지정되었다.

시대를 거슬러 올라가는 골목길, 북촌 3경

한옥 담장과 전통 기와의 풍경이 펼쳐지는 북촌 3경

중앙고등학교에서 이어진 골목길을 따라 북촌 3경에 들어선다. 담쟁이 넝쿨로 둘러싸인 옛 담장에 먼저 시선을 빼앗기고 만다. 개보수된 북촌의 다른 담장들과는 달리 자연스럽게 넝쿨과 조화를 이룬 모습이 정겹다. 골목은 몇몇 사람들만 지나다닐 수 있을 정도로 좁다. 골목 언덕 위에 다다라 바라보니 상상했던 것 이상의 장관이 펼쳐진다. 가까이 북촌의 한옥 뒤로 명동의 고층 빌딩들이 스카이라인을 이루고, 그 뒤에 남산타워가 이어지는 이색적인 풍경이다. 타임머신을 타고 조선으로 들어와 조선의 한옥에 살면서 바깥 세계인 현대의 서울을 보는 것 같다. 북촌에 서면 시대를 거슬러 올라간 것 같다는 말을 실감하게 된다. 한옥 마을이라는 이름을 갖게 된 연유를 깨닫는 순간이다.

'북촌'이라는 지명은 조선 말기 황현이 쓴 역사책 『매천야록』에서 처음 소개되었다. 이 책에서는 "서울의 대로인 종각 이북을 북촌이라 부르며 노론이 살고 있고, 종각 남쪽을 남촌이라 하는데 소론 이하 삼색이 섞여서 살았다."라고 이야기하고 있다. 즉, 북촌은 권세 있는 양반들이 살았던 곳이고 그 아래 남촌은 관직에 오르지 못한 양반이나 하급 관리들이 살았던 곳

북촌 3경. 북촌 한옥부터 멀리 남산타워까지 이어지는 풍경이다.

이다.

권세 있는 양반들이 살았던 북촌에서 조선의 양반인 양 고개를 빳빳하게 세우고 뒷짐을 쥐며 발걸음을 천천히 옮겨 본다. 천천히 걷다 보니 발걸음이 팔자걸음으로 저절로 바뀐다. 골목길을 천천히 내려오면서 마을 구석구석을 살펴본다. 좁은 골목길 사이로 삐쭉 튀어나온 기와들이 이어져 우리 옛 건축의 소박하고 간결한 곡선미가 드러난다. 잔잔하게 일렁이는 파랑처럼 이어지는 한옥 기와의 곡선들을 바라보며 골목을 내려가는 것 또한 한옥을 즐기는 묘미인 듯싶다. 앞만 보고 재촉하면서 긴 직선과 같은 삶을 살아가는 우리에게 한옥 곡선이 잠시나마 쉼과 위안을 준다.

한옥의 매력도 한적한 오전에나 느낄 수 있지, 오후가 되면 골목은 수많은 방문객들로 시끌벅적해진다. 조용히 한옥 산책을 즐기기 위해 찾은 이들은 이런 모습에 이내 실망한다. 최근에는 중국인들이 대중관광의 형태로 이곳을 많이 찾고 있는데, 그로 인해 시끄러워진 한옥 마을이 최악의 여행지로 소개되기도 한다. 그럼에도 불구하고 북촌 골목은 남녀노소 누구에게나 여전히 인기다. 이 골목에서 한옥을 배경으로 사진을 찍는 젊은이들이 꽤 많다. 과거와 현재가 공존하는 도시 산책지 중 북촌이 으뜸으로 손꼽히는 것은 어쩌면 당연한 듯싶다.

한옥은 과거 우리 주위에서 쉽게 구할 수 있었던 나무, 돌, 흙 등을 재료로 삼았다. 시멘트가 주성분인 콘크리트 건물은 쉽게 축조할 수 있다는 장점이 있지만, 환경 호르몬을 발생시킨다는 문제가 있다. 반면 한옥의 나무와 흙은 천연 재료로 환경 호르몬이 발생하지 않고 습도를 자동 조절하며

▲ 곡선미가 아름다운 한옥 기와지붕

▼ 북촌은 연인들의 데이트 명소로도 알려진 곳이다. 방문객들이 골목길 어귀에서부터 한옥의 풍경을 카메라에 담아내느라 바쁘다.

Tip

한옥의 과학 – 창호, 마당, 처마, 온돌

좁은 집에도 햇살이 가득히 들어온다.

햇빛이 방 안 깊숙이 들어와 자연광을 그대로 이용할 수 있다.

한옥은 햇빛을 그대로 담아낼 수 있는 구조다. 한옥에서 햇빛을 그대로 담아내는 역할을 담당하는 것이 창호다. 그것은 너무 많은 양이 아니라 꼭 필요한 만큼만 햇빛을 담아내는 구실을 한다. 게다가 한옥의 마당은 항상 비워져 있고, 창호는 마당에서 반사된 햇살까지 방 안으로 고스란히 담아낸다. 또 한옥은 햇빛과 비를 고려하여 처마의 높이와 각을 유지한다. 특히 겨울철 햇살이 방 안 깊숙이 들어올 수 있도록 방의 깊이를 적당히 조절한다.

온돌은 세계에서 유일한 한국의 난방 문화다. 아궁이에서 시작하여 구들장과 방고래를 거쳐 굴뚝으로 이어지는 열 순환 구조이다. 온돌과 같은 구조는 그리스·로마와 중국에서도 볼 수 있지만 발전적 형태가 아니라 그 시대에 머물러 버린 상태다. 우리의 온돌은 고구려 고분 벽화에서도 발견될 정도로 오랜 역사를 가지고 있다.

특히 난방과 취사를 모두 할 수 있다는 특성과 열 효율성 측면에서 과학성을 널리 인정받고 있다. 구들은 전도, 복사, 대류 등을 모두 활용하여 만들어졌다. 아궁이에서 들어오는 열기는 구들개자리가 균등하게 나누어 준다. 방고래를 지나가는 열기가 굴뚝으로 빠져나가는 길목에 있는 고래개자리는 뜨거운 열기를 다시 모아서 열기를 남기고, 굴뚝으로 빨리 빠져나가는 것을 막는다. 굴뚝개자리는 굴뚝으로 들어오는 빗물과 찬 공기가 집 안으로 들어오지 못하도록 막아 준다.

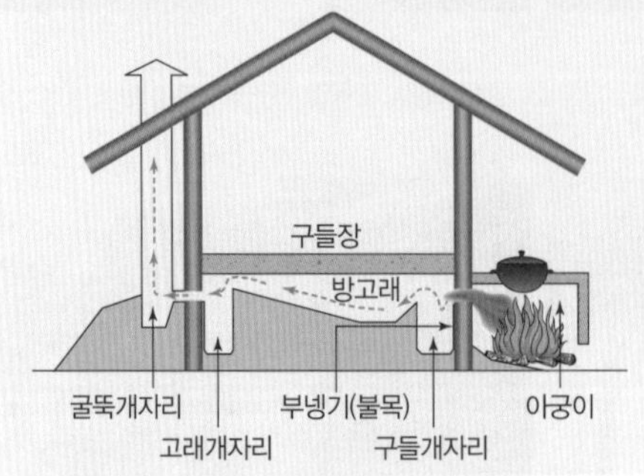

온돌은 오랜 역사를 가진 과학적인 난방 기법이다.

환기도 잘되는 '자연 공기 청정기'라 할 수 있다. 한옥에 살면서 아토피를 포함한 여러 가지 질병을 치료한 사례가 알려지면서 한옥의 인기와 가치는 더욱 높아지고 있다.

전통 체험 공간인 가회민화박물관과 북촌 전통 공예 체험관

북촌 3경에서 첫 전통 체험지는 가회민화박물관이다. 2002년 문을 연 이 박물관은 규모는 작지만 700여 점의 민화와 800여 점의 부적, 150여 점의 전적류, 기타 민속자료 250여 점 등 총 2000여 점의 유물을 소장하고 있다. 전통 한옥 전시실에 들어서자 민화와 벽사 그림을 비롯하여 통일신라시대의 인면와(人面瓦), 귀면와(鬼面瓦) 등이 보인다. 강화 선원사에서 가져왔다는 연근차를 마시며 한옥의 정취와 함께 우리 역사의 숨결이 담긴 민화를 감상할 수 있다. 공방 체험은 하지 않고 잠시 한옥만 보려고 들어간 방문객들에게 입장료를 내라고 하는 바람에 몇몇 방문객들의 눈살은 이미 찌푸러진 듯하다. 방문객들이 공방 체험의 현장을 직접 볼 수 있게 하면 홍보 효과도 있고 좋을 텐데 하는 아쉬움이 남는다.

골목길 안쪽으로 이어진 작은 골목길을 따라 걷다 보면 그 끝에 북촌 전통 공예 체험관이 있다. 체험관 안에 들어서서 마당 주변을 돌다 보면 이곳의 공방 선생님이 방문객들을 친절하게 안내해 준다. 2012년 11월 종로구에서 직접 한옥을 리모델링해서 만든 상설 전시 체험관이다. 지역 공예인들이 돌아가면서 상주하고 있어 예약 없이 찾아가도 되며, 요일마다 체험 프로그램이 다양하다. 이 중 단청을 활용한 만들기 체험이 가장 인기가 많다. 일반인이 단청을 만들기는 어렵기 때문에 단청으로 쉽게 만들 수 있는

민화, 부적 등 전통 민속자료를 소장하고 있는 가회민화박물관

북촌 전통 공예 체험관. 이곳에서는 한지 공예, 닥종이로 인형 만들기, 단청을 이용해 핀이나 생활용품 만들기 등을 해 볼 수 있다.

체험 상품을 개발해 놓았다. 주로 단청을 이용한 핀 종류의 장식품으로 젊은 여성들이 많이 찾고 있다.

-

한옥 속에 숨겨진 골목길, 북촌 4경에서 6경까지

-

북촌로 건너편, 갤러리 한옥과 대장장이 화덕 피자집

북촌 골목은 국내 방문객뿐만 아니라 외국인 관광객들에게도 많이 알려진 가장 한국적인 명소다. 북촌로 일대는 대규모 중국인 관광객들을 실어 나르는 관광버스의 주차장이 되어 버렸다. 그 관광객들 사이로 나머지 5경을 보기 위해 북촌로를 건넌다.

북촌 4경으로 가는 골목길 초입에는 '한옥'이라는 간판을 내건 갤러리와 '대장장이 화덕 피자집'이라는 음식점이 자리 잡고 있다. '갤러리 한옥'은 그 이름처럼 우리 전통 한옥을 활용해 갤러리로 만들었고, 작품도 우리나라의 작품들을 전시해 북촌이라는 이미지와 잘 어우러지는 느낌이다. 이와 달리 우리 한식이 어울릴 법한 전통 한옥에 이탈리아 전통 피자라는 모토를 내건 '대장장이 화덕 피자집'은 볼수록 둘 사이에 어색함이 가득하다. 하지만 이 피자 가게는 항상 젊은 식객들로 붐빈다. 이삼십대 젊은 고객들이 주를 이루지만 한쪽 벽면은 LP판으로 채워져 7080세대의 분위기가 느껴진다. 최근에는 외국인 방문객들에게까지 북촌 맛집으로 소문나 2호점까지 문을 열었다.

대장장이 화덕 피자집이 인기를 끄는 이유는 한옥을 개조하여 북촌의 장

주방도 작고 요리도 간단하지만 항상 사람들이 붐비는 대장장이 화덕 피자집. 젊은 고객들이 주를 이루지만 한쪽 벽면에는 LP판으로 채워져 7080세대의 분위기가 느껴진다.

회나무 집 앞 갈림길에서 외국인 방문객들을 안내하는 관광 안내원

점을 최대한 살렸고, 이탈리아에서 직접 공수한 황토 화덕에서 정통 이탈리아식 피자를 굽는 데 있다. 우리 전통의 '대장장이 화덕'과 이탈리아의 '피자'가 서로 조화를 이루어 퓨전 한옥으로 재탄생한 것이다. 한옥 피자의 풍미에 잠시 빠져 있다가 골목으로 다시 나와 나머지 북촌의 경관을 보기 위해 느려진 발걸음을 재촉해 본다.

북촌 4경으로 올라가는 골목길에는 방문객들을 위해 안내 지도가 구비되어 있다. 방문객들은 저마다 지도를 하나씩 꺼내 들고 가면서도 금세 방향을 잃어버리고 만다. 회나무 집 앞 갈림길에서 어디로 가야 할지 몰라 고민하는 외국인 방문객들에게 어느샌가 빨간 외투를 입은 관광 안내원들이 다가와 친절히 설명을 해 준다. 중국인이나 일본인 등 외국인 방문객들 모두 그 친절함에 만족해하며, 서로 감사의 인사를 건네는 모습이 정겹다.

한옥 지붕이 물결치는 북촌 4경

회나무 집 앞 삼거리에서 왼편 길로 들어서서 샛길로 이어진 골목길을 따라 10여 분 정도를 올라가면 북촌 최고의 경관으로 손꼽히는 북촌 4경이 나온다. 청록빛이 감도는 한옥 기와지붕들이 빼곡히 들어차 검푸른 바다에 파도가 일렁이는 듯하다. 이 풍경을 모두 담아내고 싶은 마음에 포토 스팟(photo spot)에 올라서지만 생각대로 풍경이 모두 담기지는 않는다. 콘크리트 담벼락과 쇠창살이 가로막고 있기 때문이다. 아쉬운 마음에 이곳에 올 때마다 새로운 포토 스팟을 찾게 된다. 어둡지만 그 빛이 아름다운 지붕의 모습을 모두 담기 위해 더 높은 공간을 찾는 것인데 크게 어려운 일은 아니다. 집집마다 계단이 있어 대문 앞에 올라서면 또 다른 경관이 펼쳐진다. 물론 주민들에게 피해를 주지 않기 위해 조용히 올라가 카메라에 담는다.

북촌 3경까지는 주로 한옥의 입면에서 처마가 서로 부드럽게 이어진 모습을 볼 수 있는데 4경에서는 한옥 지붕 위에서 물결치는 기와들의 부드러운 곡선미를 느낄 수 있다. 고요한 바닷가로 숨죽인 듯 천천히 밀려오는 파도처럼 그 숨은 곡선미가 드러나기에 북촌 한옥은 매력적이다.

한옥의 지붕 양식에는 맞배지붕, 우진각지붕, 팔작지붕, 솟을지붕, 낮춤지붕, 정자지붕 등이 있다. 그중 맞배지붕, 우진각지붕, 팔작지붕이 전통 한옥에서 가장 많이 쓰이는 양식이다. 박공지붕이라고도 하는 맞배지붕은 두 개의 지붕면이 '∧' 모양으로 만난 형태로 구조가 제일 간단하다. 박공이란 맞배지붕의 옆면에 삼각형 모양으로 붙여 놓은 두꺼운 널빤지를 말한다. 우진각지붕은 네 개의 지붕면이 사방으로 비탈져 있는 형태다. 따라서 우진각지붕은 옆면에 삼각형 모양의 박공이 없다. 합각지붕이라고도 하는

검푸른 바다에 파도가 일렁이는 듯 청록빛이 감도는 한옥 기와지붕들이 춤을 춘다.

팔작지붕은 우진각지붕과 맞배지붕을 합쳐 놓은 형태이다. 지붕 위쪽에는 박공이 있고 그 아랫부분에는 우진각지붕의 형태가 나타난다. 지붕 자체가 화려하고 아름다워 예로부터 격식이 높은 건물인 궁전의 정전, 사찰의 대웅전, 사대부 가옥 등에서 많이 사용하였다.

이러한 한옥 지붕의 형태를 좌우하는 것은 마루다. 바닥에 까는 마루가 아니라 지붕의 꼭대기를 말한다. 마루는 지붕의 모양에 따라 용마루(종마루)부터 내림마루(합각마루), 추녀마루(귀마루), 박공마루 등으로 구분할 수 있다. 그중 제일은 용마루다. 용마루는 두 개의 지붕면이 만나는 부분으로 건물 중앙에 있는 마루다. 한옥의 중심으로 종도리(마룻대)의 상부다. 종도리 위에 시끼래를 양쪽으로 쌓고 그 위에는 마루 적신을 놓고 지붕 기와를

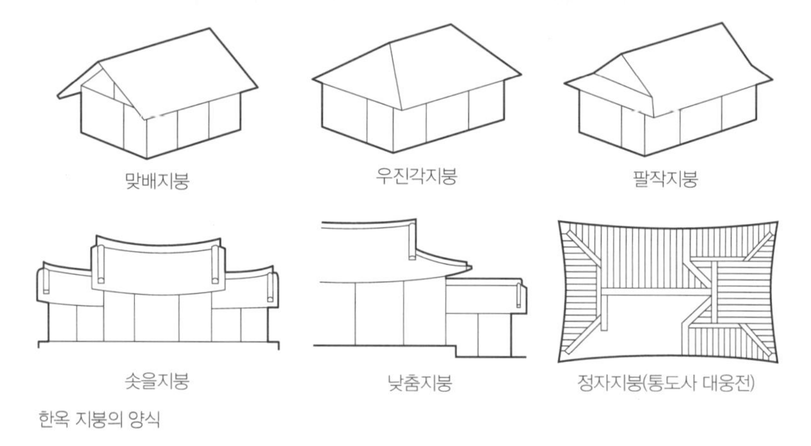

한옥 지붕의 양식

다 쌓은 다음 마지막으로 쌓는 것이 용마루다.

북촌 5경, 골목길 사이에서 한옥을 산책하다

북촌 5경과 6경은 같은 골목 안에 위치하고 있다. 5경은 아래에서 위로, 6경은 위에서 아래로 보는 골목 풍경이다. 같은 골목임에도 보는 방향에 따라 서로 다른 곳에 온 듯한 기분이 든다. 골목과 담장을 보며 오르는 중간에 '꼭두랑 한옥'이라는 간판을 단 한옥이 자리 잡고 있다. 입장료를 내면 한옥 체험을 할 수 있다.

권세 있는 양반들이 살았다는 북촌의 명성과는 달리 소박한 한옥의 모습에 방문객들은 의아해하는 표정이다. 실제로 북촌을 한 바퀴 돌아보면 30평 남짓한 소규모의 한옥들이 다닥다닥 붙어 있는 것을 볼 수 있다. 성공한 양반이 살았던 집이 이렇게 작은 한옥으로 바뀌게 된 것은 이곳이 큰 변화를 겪었기 때문이다.

북촌은 일제 초창기인 1920년대까지는 별다른 변화가 없었다. 하지만 1930년대에 서울의 행정 경계가 확장되면서 도시는 새롭게 변모하게 된다. 북촌의 양반 가옥들은 사라지고 작은 규모의 한옥들이 집단적으로 건설되기 시작한 것이다. 지금의 북촌 한옥 마을은 그 당시 지어진 것으로 우리가 생각하는 조선 양반 가옥과는 거리가 멀다. 일각에서는 일제에 의해 계획된 것이라고 해서 북촌의 변형을 비판하지만, 북촌 한옥은 전통적인 한옥 양식을 간직하고 있다는 점에서 높이 평가받고 있다. 중부 지방답게 'ㅁ'자형과 'ㄷ'자형의 한옥 구조가 고스란히 남아 있다.

꼭두랑 한옥 내부에 들어서면 정사각형으로 된 마당과 이를 둘러싸고 있는 여러 개의 문이 보인다. 개량 한옥인 꼭두랑 한옥은 난방 때문에 대청마루가 열려 있지 않고 문으로 닫혀 있는 구조다. 이곳은 대청마루, 툇마루, 쪽마루 등 다양한 마루 형태를 갖추고 있다. 툇마루는 건물 앞과 뒤 혹은 옆의 끝 칸에 이동 통로로서 마련된 마루다. 쪽마루는 건물 밖으로 출입할 때 이용하는 마루로 밖으로 길게 된 널을 대고 그 안에 여러 널을 끼워 넣은 형태다. 아쉬운 점은 누마루는 보이지 않는다는 점이다. 마루 자체를 높게 만들어 땅의 습기를 피하고 통풍이 잘 되도록 한 누각 형식의 마루가 누

골목길 양쪽으로 늘어선 한옥 경관을 볼 수 있는 곳이 북촌 5경이다.

한옥은 대청마루, 방, 마루 등 직사각형의 구조를 갖추고 있다. 뒤에 개량형 한옥들도 그 형태와 구조를 유지하고 있다.

마루다. 누마루는 궁궐이나 사대부 가옥의 사랑채에서 주로 볼 수 있는 형식인데 이곳의 한옥은 규모가 작아 사랑채를 따로 두지 않았다.

실내로 들어가면 남부와 중부 지방에서 흔히 볼 수 있는 대청이 있다. 대청(大廳)은 방과 방 사이의 열린 공간으로 '큰 마루'라는 뜻을 지니고 있다. 마루의 대표 격인 대청은 예로부터 집의 중심부 역할을 담당했다. 상류층 집의 안채에는 안대청이 있고 사랑채에는 사랑대청이 있었으며, 이들 대청은 각 채의 중심부에 위치하였다. 안방과 대청 사이, 건넌방과 대청 사이에 모두 들어열개로 된 불발기문을 달았고, 안마당 쪽에도 들어열개로 된 분합문을 달았다. 무더운 여름철에는 이것을 모두 접어 들어 올려 들쇠에 매달아 고정시킨다. 대청 바닥은 짧은 널을 가로로, 긴 널을 세로로 놓아 우물 정(井)자 모양으로 짰다고 해서 우물마루(귀틀마루)라고 한다.

북촌의 한옥은 마루에 문을 달다 보니 띠살창(띠살문)과 완자창 등의 창호가 더 두드러지게 드러난다. 한옥 내부에서 창호는 한옥의 미를 가장 돋보이게 하는 요소가 된다. 창호는 창(窓)과 호(戶)가 합쳐진 복합어로 창은 우리가 일반적으로 알고 있는 창문을, 호는 드나드는 문을 말한다. 원래 호는 문(門)과는 다른 개념이었으나 지금은 통상적으로 같은 의미로 쓰고 있다. 창호는 맹장지, 불발기, 띠살창, 완자창, 아자창, 정자창, 살창 등 그 종류만 해도 수십여 가지에 달한다. 한 채의 한옥에 여러 가지 형태의 창호가 쓰이기도 한다. 일반 초가집보다 양반의 집이나 격조 높은 가옥의 경우에 창호의 형태가 더욱 화려해진다.

북촌의 한옥에서는 판장문부터 맹장지, 불발기, 띠살창, 완자창, 아자창, 정자창 등 모든 창호의 형태를 볼 수 있다. 이처럼 북촌의 한옥은 규모는 작지만 한옥의 기본에 충실하여 그 안에 한옥의 모든 구조를 담아내고 있

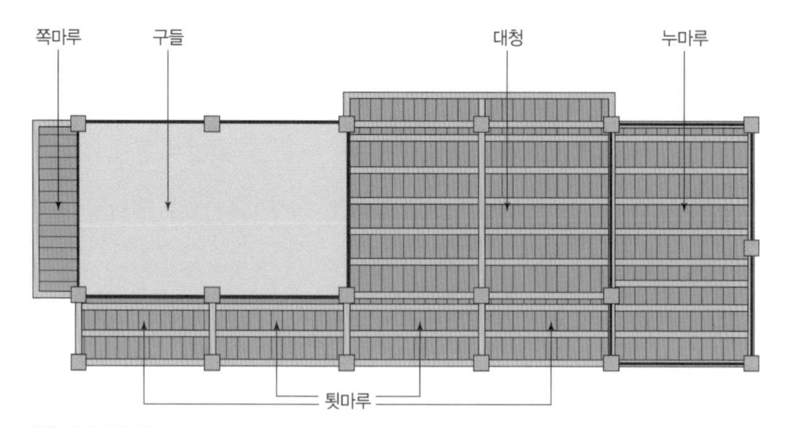

한옥 마루의 종류

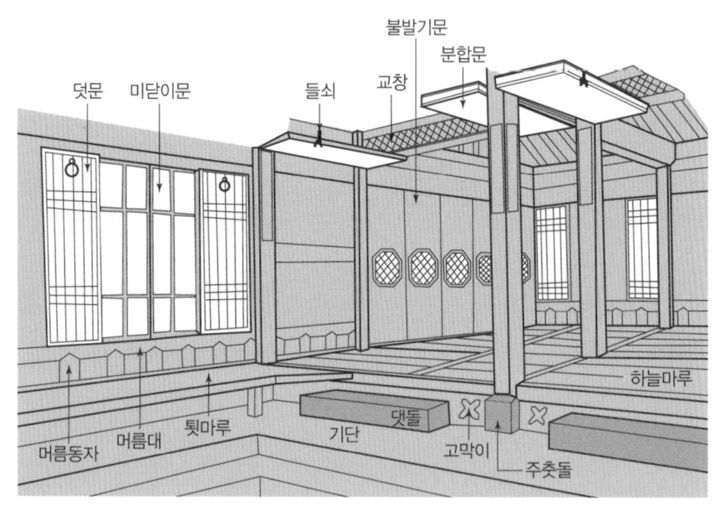

대청마루와 각 부분의 명칭

다. 북촌에서 한옥 한두 채만 주의 깊게 살피면 한옥에 대해 많은 것을 배울 수 있다.

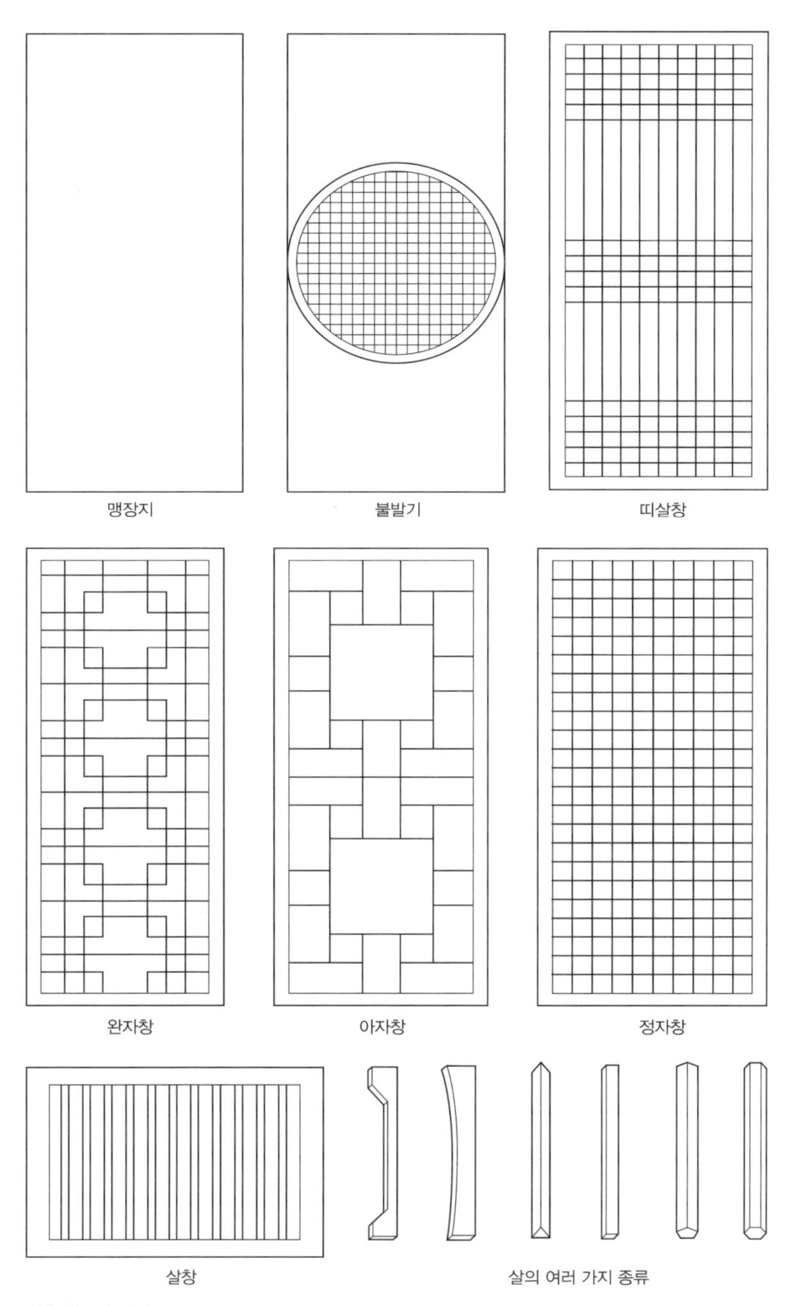

한옥 창호와 살의 종류

북촌 5경에서 50미터 정도 직선으로 이어진 골목길을 오르면 북촌 6경이다. 북촌의 한옥은 벽체를 높게 쌓아 공포가 없는데 지붕이 높다. 한옥의 규모를 돋보이게 하는 것이 공포로, 처마 끝의 무게를 받치기 위해 기둥머리 같은 데 짜 맞추어 댄 나무 부재다. 다포, 주심포, 익공 등 공포의 종류는 역사나 지리 수업 시간에 한 번쯤은 들어 봤을 것이다. 북촌의 한옥은 장소에 따라 공포가 없어도 지붕이 높아 보이고, 이와는 반대로 공포가 없어 지붕이 낮아 보이기도 하는 묘미가 있다. 이것은 벽체 때문이기도 하지만 어느 정도는 경사진 비탈이라는 시형석 특싱에 기인한다.

북촌 6경의 풍경은 한옥 기와가 부드러운 곡선을 이루는 북촌 3경과 쌍둥이 골목이라고 불러도 될 정도로 닮았다. 3경에서처럼 이곳에서도 한옥

한옥 골목 사이로 시선을 올려 멀리 바라보면 서울 시내와 남산타워가 보인다.

Tip

공포의 종류-주심포, 다포, 익공

주심포(柱心包)는 기둥머리 위에만 포가 짜여진 공포 형식이다. 주심포 공포가 쓰인 대표적인 건물로 봉정사 극락전, 부석사 무량수전, 수덕사 대웅전 등이 있다.

다포(多包)는 기둥머리 위와 기둥 사이에 포가 짜여진 공포 형식이다. 다포 형식은 주심포 형식에 비해 화려하고, 익공 형식에 비해 격이 높아 권위 있는 건물에 많이 사용하였다.

익공(翼工)은 살미가 새 날개 모양의 익공 형태로 만들어진 공포 형식이다. 익공 수와 모양에 따라 하나만 있으면 초익공, 두 개가 있으면 이익공이라고 한다.

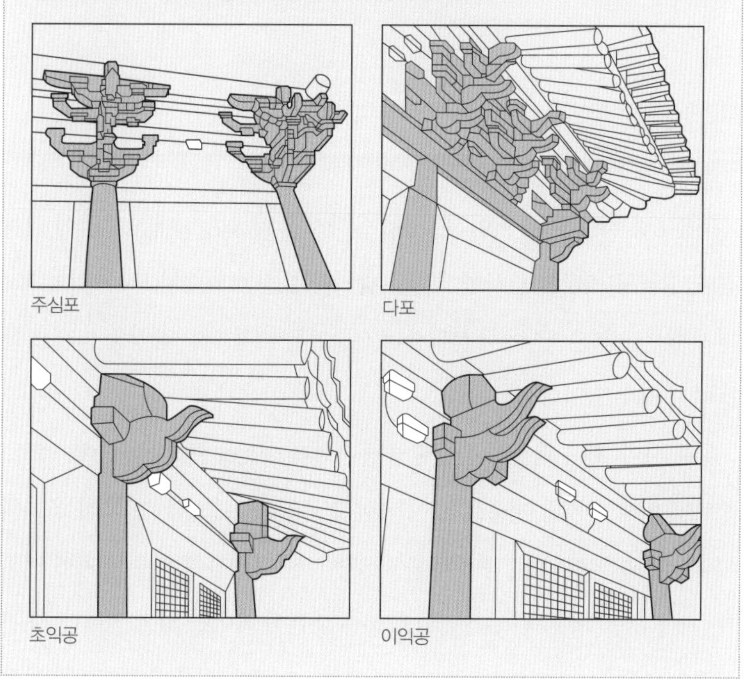

주심포 다포

초익공 이익공

골목 사이로 멀리까지 바라다보면 고층 빌딩들이 스카이라인을 이루는 서울 시가지와 남산타워가 보인다. 방문객들이 이곳의 매력에 빠지게 되는 풍경이다. 골목 자체만으로도 매력이 넘치는데 북촌 한옥과 서울 시가지가 어우러져 과거와 현재가 공존하는 풍경을 보여 주기 때문이다.

-

북촌 생활사 박물관과 삼청동 돌계단길, 북촌 7경에서 8경까지

-

북촌 7경, 북악산과 삼청동을 바라보다

북촌 6경 길을 따라 이어진 7경에 올라서면 삼청동 일대가 눈앞에 펼쳐진다. 삼청동 거리를 답사한 경험은 많지만 삼청동 일대를 모두 담아 내지는 못했는데 북촌 7경에서 북악산의 산줄기를 배경 삼은 삼청동 일대를 한눈에 담을 수 있었다.

골목 사이, 한옥 담장에 설치된 공중전화가 시선을 끈다. 공공 예술 프로젝트에 의해 설치된 것으로 보이는 이 공중전화는 조선의 한옥과 조화를 이루는 모습은 아니다. 공공 예술 프로젝트는 예술가를 비롯해 지역 전문가, 지역 주민, 방문객 등이 협업을 통해 만들어 가야만 하는 일이다. 조선 시대의 한옥과 1980년대 공중전화의 조화는 어떻게 탄생된 것인지 의아하

한옥 뒤로 보이는 북악산의 능선

한옥 담장에 설치된 공중전화

북촌 7경. 삼청동 너머 멀리 보이는 북악산 능선이 기와지붕과 닮았다.

기만 하다. 그렇지만 방문객들은 한옥에 설치된 이 낡은 공중전화를 카메라에 담아내며 즐긴다는 점에서 사람들마다 마음속으로 그리는 그림과 느끼는 감정이 다르다는 사실을 실감하게 된다.

북촌의 삶을 체험해 볼 수 있는 북촌 생활사 박물관과 돌계단 명소인 북촌 8경

8경으로 내려가기 전에 북촌의 생활사를 엿볼 수 있는 '북촌 생활사 박물관'을 방문한다. 역사를 거슬러 조선 시대 북촌의 생활사를 보여 주기보다는 공방이나 체험장에 가깝다. 얼마 전까지 북촌에서 사용했던 생활용품들을 전시하고 있다. 지금은 시골 할아버지 댁에나 가야 볼 수 있는 그런

북촌의 소소한 생활사를 체험할 수 있는 북촌 생활사 박물관

물건들이다. 아궁이부터 장독대, 그리고 고무신까지도 방문객에게는 매우 흥미로운 물건들이다. 이곳에서는 북촌 주민들의 옛 생활 방식을 안내해 줄 뿐만 아니라 체험학습 프로그램까지 진행한다. 북촌 생활사 박물관은 서울의 살아 있는 한옥 마을을 그대로 느낄 수 있는 열린 무대로 자리 잡고 있다.

북촌 8경의 마지막 코스는 7경과 북촌 생활사 박물관 사이에 있는 경사가 무척 가파른 돌계단길이다. 계단을 내려가기 전에 위에서 볼 수 있는 사각 모양의 한옥 지붕들이 겹겹이 이어져 있는 풍경이 신비롭다. 특히 한겨울에는 그 사각형 지붕 위로 하얀 눈이 쌓여 이채로운 풍경이 연출된다. 난간을 잡지 않으면 금방이라도 떨어질 듯한 계단을 내려가는 아찔한 코스이다 보니 연애를 갓 시작한 연인들이 꼭 들러야만 하는 데이트 코스가 되었다. 둘이 걷기에도 좁고 가팔라 남자 친구가 여자 친구의 손을 잡아 주기

북촌 생활사 박물관. 장독대를 비롯하여 지게, 부채 등이 전시되어 있고 실내에는 화문석, 자개장, 도자기 등을 전시하고 있다.

좋은 코스다. 그런데 이 코스의 진정한 묘미는 이 돌계단과 그 조그만 골목 사이로 펼쳐지는 한옥의 풍경에 있다. 이 길의 끝에 다다르면 북촌의 풍경과는 전혀 다른 모던풍의 카페 거리가 펼쳐진다는 점도 또 다른 묘미다. 이 거리는 산과 물과 사람이 맑아 '삼청(三淸)'이라 불리는 삼청동 카페 거리다. 북악산으로 오르는 길을 따라서 카페뿐만 아니라 화랑과 갤러리, 음식점 등이 들어서면서 문화 거리로도 불린다.

디자인과 만난 한옥, 현대카드 디자인 라이브러리

2013년 북촌에 한옥의 미를 살린 국내 최대 규모의 디자인 서적 전문 도서관인 '현대카드 DESIGN LIBRARY'가 개관하였다. 공익을 목적으로 하지만 사실 현대카드 고객만을 위한 공간으로, 현대카드 회원 본인을 포함해 2인까지 입장할 수 있다.

1층에는 북카페와 전시 공간이 있고 2~3층에는 디자인 관련 서적들이

한옥과 디자인이 만난 현장, 현대카드 디자인 라이브러리 1층은 내부 정원, 전시장, 카페 등으로, 2층은 컬렉션 디자인북, 박물관 북 등 크게 4개의 구역으로 구성되어 있다.

비치되어 있다. 2층은 3개, 3층은 1개, 총 4개의 구역에 분야별 전문가의 북 큐레이팅 작업으로 엄선된 1만 5000여 권이 전시되어 있다. 이 책들 중 8700여 권은 국내에 단 한 권밖에 없는 책이라고 하며, 희귀본 컬렉션은 장갑을 껴야만 볼 수 있다.

Tip

한옥 속에 숨어 있는 서울색

예술과 한옥이 만나면 어떠한 모습일까? 서울시에서는 서울의 역사와 환경을 배경으로 여러 색을 뽑아내어 '서울색(Seoul Colors)'을 만들었다. 서울색은 서울의 대표성이 담긴 요소를 찾아 9800여 장의 현장 측색 이미지를 추출하고, 색채 현황에 대한 연구 조사 후, 시민들의 설문 조사와 전문가 자문을 통한 여론 수렴 과정을 거쳐 선정하였다.

서울색은 서울권장색 600개와 서울현상색 250개로 이루어져 있는데, 250개의 서울현상색 중에서 50개를 뽑아 서울지역색이라 하였고, 그중에서 또다시 10개를 뽑아 서울대표색이라고 하였다. 단청빨간색, 기와진회색, 돌담회색, 삼베연미색, 한강은백색, 남산초록색, 서울하늘색, 은행노란색, 고궁갈색, 꽃담황토색 등 총 10개다. 이 서울대표색 중 한옥에서 뽑아낸 것만 해도 단청빨간색, 기와진회색, 돌담회색, 꽃담황토색 등 4개나 된다. 그리고 서울대표색 중 단청빨간색을 서울상징색으로, 한강은백색을 서울기조색으로 선정하였다.

이미 베를린, 파리, 시드니, 요코하마 등의 세계 선진 도시들도 도시 고유의 색을 선정하여 도시경쟁력 강화에 활용하고 있다. 서울시는 선정한 서울색을 활용하여 여의도 마포대교 남단 아래 공간을 '서울색 공원(Seoul Color Park)'으로 조성하였다. 더 나아가서 서울색을 활용할 기회를 확대하고자 크레용, 색종이, 아크릴물감, 포스터컬러 등 '서울색 미술용품'도 출시하였다.

이름	영어이름	색상	Lab
돌담회색	Seoul lightgray		(67, 0, 6)
삼베연미색	Seoul beige		(83, 2, 18)
남산초록색	Seoul green		(37, −18, 2)
서울하늘색	Seoul blue		(56, −3, −41)
기와진회색	Seoul darkgray		(33, 0, 4)
단청빨간색	Seoul red		
은행노란색	Seoul yellow		(79, 17, 66)
꽃담황토색	Seoul orange		
고궁갈색	Seoul brown		(32, 11, 7)
한강은백색	Seoul white		

도시 산책 플러스

교통편

1) 승용차 및 관광버스

- 승용차: 북촌로 재동초등학교 앞(주차 여건이 좋지 않음)
- 관광버스: 북촌로 재동초등학교 앞

2) 대중교통

- 지하철: 3호선 안국역 ①②③ 출구 북촌 방향
- 버스: 마을버스(종로01, 종로02, 종로11), 간선(109, 151)

플러스 명소

▲헌법재판소
개화 운동의 선구자였던 환재 박규수 댁과 최초의 근대식 병원이었던 광혜원이 자리 잡고 있었던 곳, 천연기념물 제8호인 재동 백송이 있음

▲정독도서관
옛 경기고등학교 자리에 1977년 1월에 개관한 서울시립도서관, 경기고등학교는 1900년 관립중학교로 개교했고, 현재는 강남구 삼성동으로 이전했음

산책 코스

◎ 안국역 3번 출구 ⋯> 북촌1경 ⋯> 북촌2경 ⋯> 한상수자수공방 ⋯> 북촌3경 ⋯> 가회민화박물관 ⋯> 북촌4경 ⋯> 북촌5경 ⋯> 북촌6경 ⋯> 북촌7경 ⋯> 북촌 생활사 박물관 ⋯> 북촌8경 ⋯> 안국역

◎ 안국역 3번 출구 ⋯> 북촌1경 ⋯> 북촌2경 ⋯> 안국역 2번 출구 ⋯> 헌법재판소 ⋯> 북촌3경 ⋯> 가회민화박물관, 북촌 전통 공예 체험관 ⋯> 북촌5경 ⋯> 북촌6경 ⋯> 북촌7경 ⋯> 북촌 생활사 박물관 ⋯> 북촌8경 ⋯> 북촌4경 ⋯> 현대카드 디자인 라이브러리 ⋯> 안국역

맛집

1) 정독도서관 서쪽

- 위치: 북촌로 5가길
- 맛집: 커피 방앗간, 도도&칼국수, 희동아 엄마다, 55번지 라면, 미담

2) 정독도서관 남쪽

- 위치: 율곡로 3길
- 맛집: 샛별당, 호호분식, 국대 떡볶이, 삼청동 호떡, 먹쉬돈나

3) 삼청동

- 위치: 삼청로
- 맛집: 청수정, 오설록, 상감떡갈비, 달항아리, 삼청동 수제비, 삼청동 쭈꾸미, 다락정

참고문헌

김도연, 2008, 북촌 비주거용 한옥의 역사적 장소성을 위한 보전 및 활용방향, 경희대학교 대학원 박사학위논문.

김동찬·김신원·김미래, 2012, 서울북촌 가로경관의 시각적 이미지 특성에 관한 연구 – 삼청동 35번지, 가회동 31, 11번지를 중심으로–, 한국전통조경학회지 30(2), 110-118.

김선실, 2013, 한옥가격 결정요인에 관한연구: 서울시 북촌한옥 마을을 중심으로, 상명대학교 경영대학원 석사학위논문.

김희율, 2012, 서울 북촌지역 비주거용 한옥의 공간 변화에 관한 연구, 국민대학교 대학원 석사학위논문.

육인희, 2009, 북촌지역 도시한옥을 활용한 소규모 미술관 계획에 관한 연구, 건국대학교 건축전문대학원 석사학위논문.

윤영섭, 2013, 정독도서관 리모델링을 통한 북촌의 관계회복: 도시적 맥락 속에서 바라본 북촌(北村)과 정독도서관의 활용 방안, 홍익대학교 대학원 석사학위논문.

이경옥, 2006, 서울 북촌의 문화경제학적 공간구조 연구, 성신여자대학교 대학원 석사학위논문.

이에나가 유코, 2011, 북촌 한옥 마을의 서울학적 연구, 한국학중앙연구원 한국학대학원 박사학위논문.

한순옥, 2011, 한옥과 주민 삶의 변화분석을 통한 북촌 보전정책 평가연구, 경원대학교 대학원 석사학위논문.

이예자 韓服
736 4857
이예자
세븐일레븐
izakaya
포차
미샤
MISSHA
BIG SALE
ELEVEN
olleh club
15% 할인
ice cream

서촌

조선 진경산수화의 배경이자 근현대 생활유산의 현장

서촌 한옥 마을, 세종마을 등으로 불리고 있는 서촌은 경복궁 서편에 자리 잡고 있는 작은 마을이다. 궁궐 옆 점이 지대로 2000년대 초까지는 이곳을 찾는 이가 거의 없었다. 낡은 주택가가 도시민들에게 인기를 얻기 시작하면서 이곳을 새로운 터전으로 삼는 젊은이들도 늘어 갔다. 한옥은 개보수 작업을 통해 개량 한옥으로, 주거 공간은 갤러리와 공방, 카페 등의 새로운 옷으로 갈아입게 되었다.

이런 서촌의 매력이 하나둘 알려지면서 방문객이 늘고 있지만 북촌처럼 잘 정돈된 한옥 마을의 이미지를 떠올렸다가 실망감을 드러내는 방문객도 있다. 북촌이 이미 만들어진 한옥 마을의 모습을 보고 체험하는 공간이라면, 서촌은 현재의 공간에 과거의 모습을 상상해 그려 보는 공간이다. 전문가에 의해 계획된 코스를 따라가기보다는 자기 스스로 그린 지도로 그 비밀들을 찾아 나서고, 그 문제를 풀어 가는 곳이 바로 서촌이다.

조선의 전통 한옥과 일제 강점기의 아픈 역사를 보여 주는 일본식 가옥, 도시화로 인해 조성된 다가구 주택 등, 이 골목에 있는 모든 역사적 산물들은 서로 마주하며 옛이야기를 나눈다. 전통 한옥을 개조한 갤러리, 공방, 카페에서부터 문학관, 미술관, 엽전 시장까지 방문할 때마다 새로운 숨은그림찾기가 연속되는 서촌은 도시의 산책자들을 서촌인으로 탈바꿈시키는 마력의 공간이다.

–

근대와 현대가 공존하는 서촌

–

경복궁역 앞 서촌 입장하기

경복궁 옆에 위치한 서촌 가는 길, 지하철 3호선을 타고 경복궁역에서 내린다. 옆 동네 북촌과는 또 다른 매력을 숨겨 놓은 서촌 산책을 시작한다. 서촌(西村)은 인왕산 동쪽에서부터 경복궁 서쪽 사이의 효자동과 사직동 일대를 일컫는다. 조선 시대부터 일제 강점기를 거쳐 현대에 이르기까지 시·공간을 초월해 다양한 경관이 혼재된 장소가 이곳 서촌이다.

3번 출구로 나와 북쪽으로 이어진 자하문로를 따라 효자동 방향으로 올라간다. 자하문로에는 카페베네, 던킨 도넛, 스타벅스, 베스킨라빈스31 등

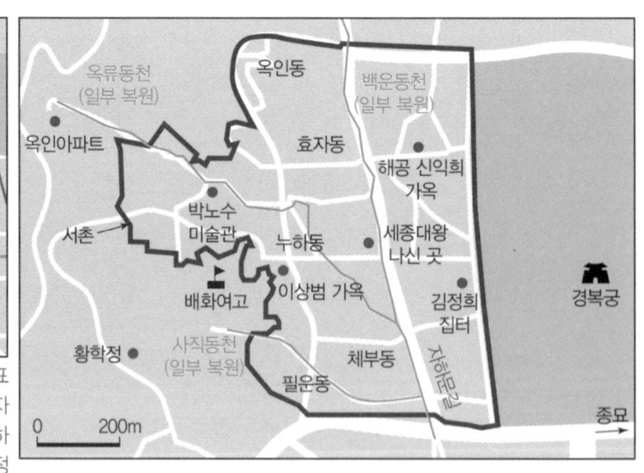

서촌의 공간적 범위. 서촌을 대표하는 행정동인 청운효자동은 효자동·창성동·통인동·누상동·누하동·옥인동·청운동·신교동·궁정동 등 9개 법정동을 포함한다.

한글 간판을 사용하는 서촌 스타벅스

개발이 제한된 서촌에서는 꽤 큰 규모인 우리은행

의 국내 대기업과 외국 계열의 카페들이 입점해 있다. 스타벅스를 비롯한 일부 카페들은 이곳에서만 예외적으로 한글 간판을 사용하고 있음에도 불구하고 'T-WORLD', 'olleh KT' 등 우리나라의 대표 이동통신사들은 영문 간판을 사용하고 있는 것이 아이러니하다. 인왕산을 배경으로 2층에서 3층 정도의 저층 건물로 연속된 평범한 도시 풍경이 펼쳐진다.

북촌과 비교해 보면 서촌은 그리 친절하지 않다. 안내 지도나 이정표를 찾아보기 어렵기 때문이다. 그러나 대중 관광객들이 많은 북촌과 달리 서촌은 스스로 여행 코스를 짜 볼 수 있는 즐거움이 있는 곳이다. 자하문로를 따라 청운효자동 방향으로 올라가는 길에서부터 현대적 예술 감각으로 새롭게 만들어진 갤러리와 공방들까지, 때 묻은 지도 하나 들고 골목을 거닐면 그 매력이 서서히 드러나는 시간 여행자들의 공간이다.

'조달청'이었던 서촌, 그 문화 지도를 펴다

조선 시대 서촌은 내사산에 속하는 인왕산과 북악산(백악산)으로 둘러싸여 있고, 옥류동천, 백운동천의 두 개의 하천이 흐르는 이산이수(二山二水)

형태로 도성 한양의 경승지였다. 조선 시대에는 경복궁, 일제 강점기에는 경성부, 광복 이후에는 청와대가 자리 잡고 있다. 청와대가 위치하고 있다는 이유로 개발이 자유롭지 못했기 때문에 1960년대부터 시작해 1980년대까지의 도시 경관이 지금도 남아 있다.

조선 한성부(한양부를 고친 것)의 행정 구역은 북부, 남부, 중부, 서부, 동부 등 5부로 나뉘어 있었다. 그리고 종로와 청계천을 따라 종로의 위쪽을 북촌, 아래쪽을 남촌이라고 하였고, 청계천의 상류를 위쪽이라는 의미로 웃대(상대), 하류 지역을 아래라는 의미로 아랫대(하대)라 하였다. 서촌은 조선의 행정 구역상 도성의 시작점이자 청계천의 시작점으로 상대에 속했던 지역이다.

서촌은 조선 시대 내수사가 있던 곳이다(현재 내수동 인근). 내수사는 국가에 필요한 물품을 조달하는 조달청과 같은 역할을 담당하던 기관이다. 당시에는 궁에서 필요한 온갖 물품을 만들었고 이 때문에 중인, 역관 등이 서촌에 모여 살았다. 또한 서촌은 추사체를 완성한 추사 김정희를 비롯하여 우리나라의 산수화풍을 세운 화가 겸재 정선이 살았던 곳으로, 이곳에 있는 송석원(松石園)● 터 바위에 새겨진 글자는 추사 김정희의 것이다.

현재 서촌은 웃대, 경복궁 서측 지역, 효자동, 세종마을 등 다양한 이름으로 불리고 있다. 역사를 거슬러 올라가면 '서촌'은 지금의 인왕산과 경복궁 사이가 아니라 서소문과 정동 일대이다. 『조선왕조실록』과 이긍익의 『연려실기술』 등 옛 사료들을 살펴보면 서촌을 모두 정동 일대로 기록하고

● 소나무와 바위가 어우러져 절경을 이룬다 해서 붙여진 이름이다. 정조 때 천수경이 송석원이라는 이름을 붙였고, 1914년 순정황후 윤씨의 백부 윤덕영도 이곳에 르네상스풍의 저택을 짓고 송석원이라 불렀다.

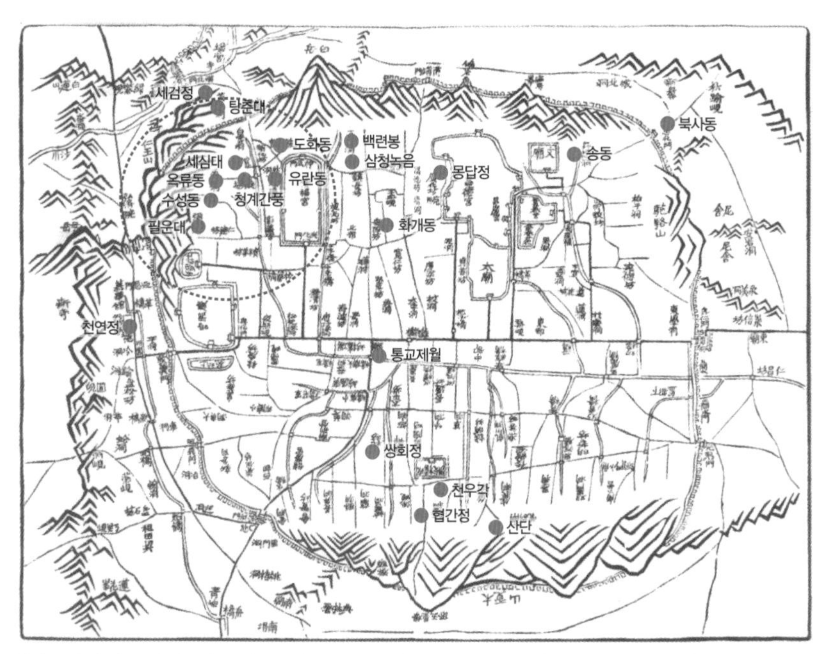

한양 도성 안의 17개 경승지 중 대부분의 경승지가 서촌에 자리 잡고 있다(출처: 오진숙, 2011).

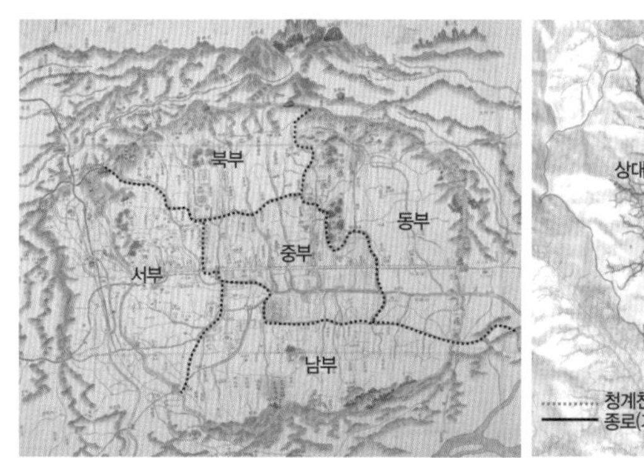

도성도에 그려진 부의 경계(출처: 오진숙, 2011)

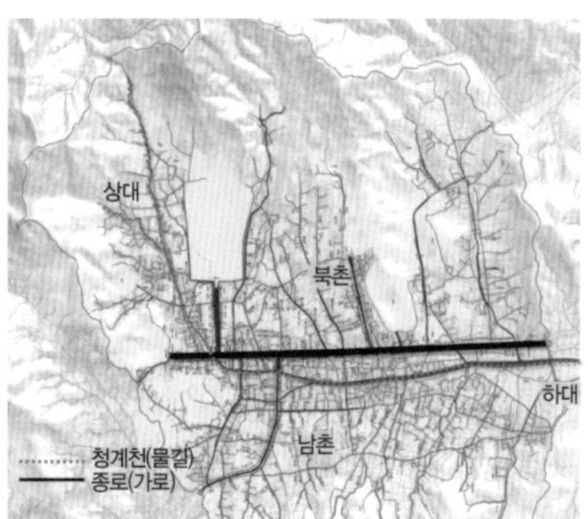

청계천과 종로를 기준으로 상대, 하대, 북촌, 남촌으로 구분한다(출처: 오진숙, 2011).

있다. 『독립신문』(1899년 11월 27일)에서 서촌에 영국, 미국, 독일, 프랑스, 러시아 다섯 나라의 공사관이 있다고 기술한 것으로 보아 지금의 정동 일

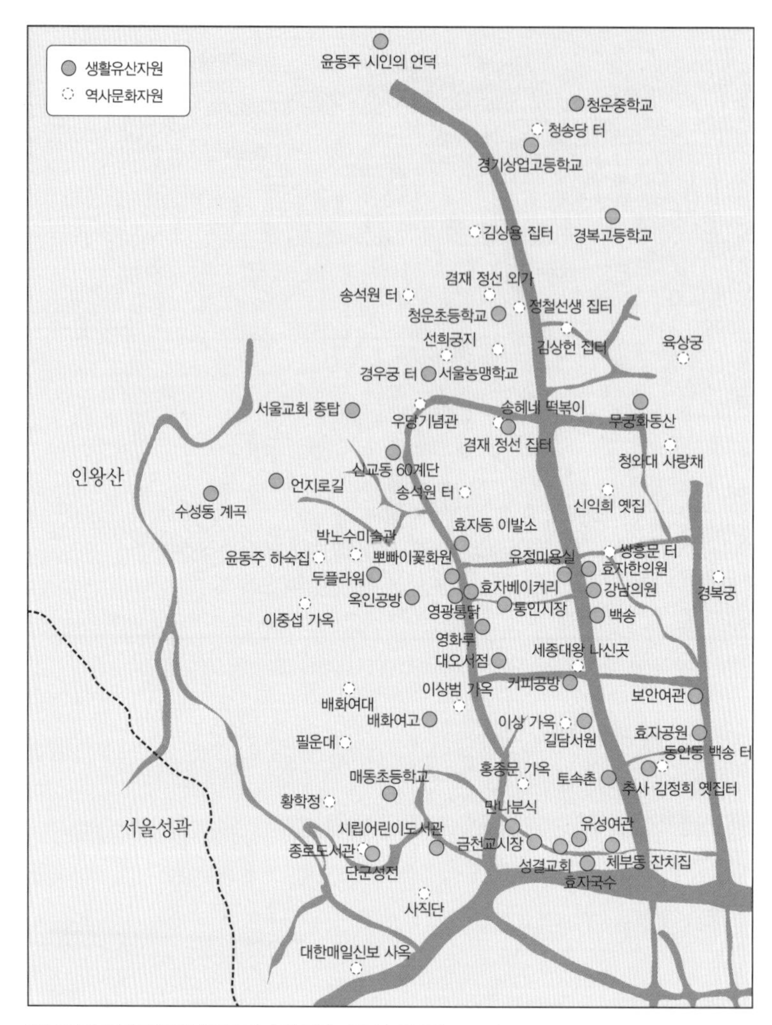

서촌의 역사문화자원 및 생활유산자원 위치도(출처: 김유란, 2013)

대를 서촌으로 부르고 있었음을 알 수 있다.

서촌은 역사적으로 세종대왕이 태어난 곳이며, 추사 김정희와 겸재 정선이 작품을 남긴 곳이다. 근대로 들어와서는 1910년 이후 개발된 600여 채의 한옥과 윤동주, 이상, 노천명, 이상범 등의 문인 및 화가의 거주지로 그 흔적이 마을 곳곳에 남아 있다.

더불어 소소한 생활유산이 개발 제한 덕분에 고스란히 남아 있다. 그중에서도 약 70년 동안 변하지 않고 그 모습 그대로 남아 있는 대오서점, 50년이 넘는 전통을 자랑하는 중국요리 전문점 영화루, 100년이 넘은 체부동 성결교회, 그리고 효자동 이발소로 유명한 형제 이발관 등이 있다. 이외에도 서촌 사람들의 소통의 공간 역할을 담당해 왔던 통인시장 등이 있다.

지금 서촌은 세종마을로 그 이름을 바꾸기 위해 노력하는 중이다. 2010년 마을 주민들이 '세종마을가꾸기회'를 조직하였고, 2011년 종로구청에서는 이 일대를 세종마을이라고 선포하였다. 2013년 8월에는 '종로구지명위원회'에서 이 지역을 '서촌'이 아닌 '세종마을'로 지칭해야 한다고 정식으로 의결하였다. 하지만 아직까지 이를 반대하는 주민들이 많아 서촌과 세종마을이라는 이름을 같이 쓰고 있다. 이미 많은 사람들이 이곳을 서촌이라는 이름으로 알고 찾아오고 있으며, 찾아오는 사람들이 매년 증가하고 있어 이름을 변경하게 될 경우 혼란을 야기시키고 이곳 지역 경제에 타격을 줄 수 있다는 이유 때문이다.

서촌은 '한옥 마을'이다

영화 〈건축학개론〉의 두 주인공이 풋풋한 첫사랑을 키우던 추억의 장소가 바로 서촌이다. 주인 없는 서촌의 한옥은 둘만의 추억이 담긴 장소였다. 영화 속에서 두 사람의 추억을 극대화시켜 주는 한옥은 방문객들에게도 많은 관심을 받고 있다.

한옥은 서울시의 지원을 받아 리모델링하여 예술 공간이나 제품 매장으로 탈바꿈하였다.

서촌에도 북촌처럼 800여 채의 한옥이 차곡차곡 채워져 있는 것은 아니다. 골목길을 따라 600여 채의 한옥이 근대 건물들과 서로 섞여 있고, 한옥들도 서로 다른 형태를 띠고 있어 숨은그림찾기를 하는 듯하다. 북촌과 비슷한 한옥 마을을 기대했다가 실망하기도 하지만 현재의 공간에서 과거를 그려 보는 서촌 한옥의 숨은그림찾기는 북촌과는 또 다른 매력을 선사한다. 일부 한옥들의 문은 굳게 잠겨 있다. 이 지역이 재개발 지역이 된 이후 2008년에 한옥 보존 정책이 발표되면서 한옥만을 지어야 했기 때문에 일부 집주인들이 이곳을 떠나고 만 것이다. 하지만 최근 한옥의 인기가 높아지면서 부동산 투기의 대상이 되기도 하였다.

일률적인 형태로 개량되었던 북촌의 한옥에 비해 서촌의 한옥은 그 형태가 각기 달라 다양한 한옥의 기품을 느껴 볼 수 있다. 서울시에서도 한옥 리모델링에 1억 원 정도의 비용을 지원하고 있어 한옥을 활용해 새로운 사업을 하고자 하는 젊은이들이 유입되었다. 따라서 한옥이 주거 공간에 한정되지 않고 전시 공간이나 전통 찻집, 음식점 등 다양한 공간으로 변화될 수 있었다.

일본식 가옥과
한옥 사이에 서다

일본식 적산 가옥과 한옥 사이

효자로와 자하문로 사이에 작게나마 서촌의 한옥 공간이 남아 있다. 서촌에는 이곳을 제대로 아는 사람들만 보인다는 일본식 가옥도 함께 자리 잡고 있다. 한옥과 일본식 가옥이 함께 어우러진 경관을 제대로 볼 수 있는 곳은 흔치 않다. 뷰포인트가 있는 북촌과 달리 서촌에는 따로 뷰포인트가 없다. 하지만 방문객들이 직접 뷰포인트를 만들어 볼 수 있어서 더욱 흥미

뷰포인트에서 바라본 일본식 가옥 전경

롭다. 자하문로 6길로 들어서기 전, 한옥과 일본식 가옥의 경관을 함께 내려다볼 수 있는 최고의 뷰포인트가 있다.

우리은행 건너편에 있는 유료 주차장 안 3층 건물 옥상에 올라 도시를 바라다보면 지붕을 맞대고 있는 일본식 가옥들이 눈앞에 펼쳐진다. 그 뒤로는 우리 전통의 한옥들이 함께 어우러져 운치를 더한다. 이 위로 눈이 쌓이면 서울에서 일본의 겨울과 우리의 겨울이 공존하는 풍경이 연출된다.

옥상에서 내려와 위에서 내려다보았던 골목길을 찾아 나선다. 자하문로 6길에서 왼쪽 첫 번째 골목으로 들어서면 일본식 가옥들이 자리 잡은 좁은 공간이 나온다. 두 사람이 지나가기도 어려울 정도로 골목은 꽤나 비좁다. 그래서 한낮이 되어도 빛이 골목으로 잘 들어오지 않는다. 골목 안쪽으로 들어갈수록 시대를 거슬러 일본 도시의 옛 골목을 혼자 걷고 있는 듯한 기분이 든다. 건물의 벽체는 지나간 세월 속에 낡아 버린 지 오래지만 그 가치는 더해 가는 듯하다. 지붕은 옛 모습 그대로 개보수가 진행되어 깨끗하게 정돈되었다.

일본식 가옥들이 자리 잡은 좁은 골목길

일본식 가옥은 한옥과 달리 2층 구조를 가지는 것이 특징이다. 보통 한옥은 상부에 보토, 적심목, 기와 등이 얹혀 상당한 무게를 지탱해야 하기 때문에 단층형이 주를 이룬다. 하지만 일본 가옥은 지붕이 경량화되어 기둥이 가늘어도 2층 구조의 하중을 충분히 지탱할 수 있다. 일본에서 2층 구조는 권위를 상징한다. 방 내부에는 일반적으로 미닫이문이나 미닫이창을 설치하여 공간을 유연하게 활용한다. 건물 외벽은 통풍이 잘 이루어지면서도 외관에 멋을 내기 위해 비늘 판벽을 주로 사용하였다.

한옥을 볼 때 중요하게 살펴보아야 할 부분 중에 하나가 기단 구성이다. 하지만 대부분 시선은 아래를 향하기보다는 정면과 지붕에 쏠려 이를 놓치는 경우가 많다. 우리나라의 전통 가옥에는 지면으로부터 습기를 피하고 밝은 빛을 집 안에 충분히 받아들이기 위해 건물을 높여 줄 수 있는 기단을 설치한다. 반면 일본 전통 가옥에는 지진과 태풍의 피해를 줄이기 위해 기단을 두지 않거나 간단하게 구성하는 대신 배수로를 둔다. 그리고 지면에 낸 기둥 구멍에 기둥을 박는 굴립주라는 방식을 사용한다.

현재 우리나라에 남아 있는 일본의 건축물은 일본 본토의 전통 가옥과는 약간 다른 구조를 보인다. 이것은 한국과 일본의 자연환경이 다르기 때문에 한국에 정착하면서 일부가 변형된 것이다. 특히 일본은 한국에 비해 고온다습하고 겨울에는 눈이 많이 내리기 때문에 건물을 지을 때 통풍과 습기 방지를 중시하였다. 또한 지진의 피해를 최소화하기 위해 재료는 가로

한국형 일본식 가옥의 지붕은 한국의 자연환경에 적합하게 경사가 완만하게 바뀌었다.

음식점으로 이용하고 있는 일본식 가옥

소나무 숲 사이로 드러난 일본식 가옥

부재가 발달하고 경량화가 이루어졌다. 가장 확인하기 쉬운 특징은 아무래도 건물의 외관이다. 일본식 가옥의 지붕은 다우와 다설 기후에 대비하여 급한 경사가 나타나지만 한국에 정착하면서 경사가 줄어들었다.

서촌 외에도 군산을 비롯하여 인천, 울릉도 등 일본식 가옥이 남아 있는 곳들이 많다. 서촌에 있는 일본식 가옥은 거의 1층 건물이지만 일제 강점기에 유명한 포목상이 있던 군산에는 2층의 전통 일본식 목조 건물●이 남아 있다.

일본식 가옥 뒤로 서촌의 한옥이 수줍은 듯 곡선의 부드러움을 살포시 드러낸다. 일직선으로 만들어진 일본식 가옥과 비교하면 그 차이가 확연히 드러난다. 서촌의 한옥들은 일제 강점기에 지어지기 시작했고 1950년대를 전후하여 도시형 한옥이 대량 공급되었다. 지금 남아 있는 한옥들 중 일부는 1920년대 이전의 것들이다. 서촌의 한옥에서 '한양 절충식'이라는 양

● 대지주인 일본인 히로쓰가 지은 것으로 'ㄱ'자형으로 서로 붙은 두 채의 건물이 있고, 두 건물 사이에는 일본식 정원과 석등이 있다. 1층에는 온돌방과 부엌, 화장실 등이 있고, 2층에는 속에 짚을 넣고 돗자리를 씌워 꿰맨 일본의 전통 바닥재인 다다미를 깐 방이 있다.

일본식 가옥 뒤편에 자리 잡은 한옥

일제 강점기 이후 공급된 서촌의 작은 한옥

식을 볼 수 있는데, 이것은 돌과 황토를 기반으로 벽을 쌓는 기존의 한옥과 달리 붉은 벽돌을 사용한 외벽이 특징이다. 당시 도입된 영국식 쌓기 방식이나 프랑스식 쌓기 방식을 가미한 공법이기에 건축적 가치를 지닌다.

신흥 종교인 '세계정교'의 발상지

한옥이 자리 잡은 골목을 따라 이어진 자하문로 12길, 이 골목은 옛길처럼 구불구불하고 비좁다. 워낙 낙후된 지역인지라 방문객들은 그냥 지나쳐 가곤 하는 골목이다. 하지만 자세히 보면 이 골목 중간에 유난히 독특한 외양의 건물 하나가 있다. 한옥 같기도 하면서 일본식 적산 가옥과도 제법 닮은 건물이다. 무엇보다 시선을 사로잡는 것은 건물의 색이다. 연두색과 노란색으로 칠해진 벽, 파란색으로 칠해진 기와, 그리고 모서리는 핑크색으로 칠해져 화려하기 짝이 없다. '계옴마루 총령경, 세계정교 발상지'라는 간판을 보면 신비하면서도 한편으로는 두려움이 앞선다. 어떤 곳인지 전혀 가늠할 수 없는 이곳에 방문객들은 사이비 종교 단체가 아닐까 하는 두려움이 앞서 가까이 다가서지 못한다.

▲ 계옴마루 총령경, 세계정교 발상지
▼ 세스팔다스 계옴마루

세계정교(世界正敎)는 1957년 하정효에 의해 창시된 신흥 종교단체다. 그 본부가 이곳 서촌에 자리 잡고 있고, 7대 본산은 전국에 산재되어 있다. 1970년대 이후 급속히 성장하여 신도 수가 80만 명이나 된다고 하니 놀라울 따름이다. 창교자 하정효를 총령본존(總領本尊)이라 하고, 한민족의 정통성을 단군·화랑·세종·충무공 정신에 두고 있는 종교이다.

이 종교는 한글을 최고의 언어로 여겨 교리도 순 한글이며 한국적인 순수성을 강조한다. 전국에 '세스팔다스 계옴'의 신전을 짓고 천제(天祭)를 지낸다고 하는데, '세스팔다스'라는 말은 '뜻의 님'과 '삶의 님', '짓의 님' 등 세 신격을 받들어 그 힘으로 우리 스스로를 다스린다는 의미다. '계옴'은 한울의 '온데 계시옵는 님'을 뜻한다. 이 종교가 창시한 고유 무술의 이름도 알아듣기 힘든 '뫄한뭐루'라고 한다. 이런 종교에 대해서 들어 본 적이 없다 보니 아직까지 낯설게만 느껴진다. 그 이유야 어떻든 이것도 서촌에서만 볼 수 있는 종교 경관이다. 그 안에서 일어나는 일들을 살펴보는 것도 무척 흥미로운 일일 것 같다.

서촌에서 또 하나의 산책지는 공방과 갤러리다. 자하문로를 중심에 두고 주로 오른편으로 갤러리들이, 왼편으로는 공방들이 자리를 잡고 있다. 이 곳에 모인 공방과 갤러리는 신축해서 어엿한 갤러리의 형태를 갖춘 건물도 있지만, 기존 한옥을 리모델링하여 서촌의 이미지를 부각시킨 곳도 있다. 용도와 콘셉트에 맞게 건물을 새로 짓는 것이 사업가들에게는 당연한 일이겠지만 한편으로 이로 인해 사라져 간 한옥들을 생각하면 안타깝다. 그나마 다행인 것은 최근에는 한옥 보존을 위한 지원 대책들이 세워지면서 리모델링하는 방향으로 선회하고 있다는 점이다.

한옥을 리모델링한 갤러리 중 '창성동 실험실'은 방문객들이 즐겨 찾는 명소이다. 일반적으로 실험실은 한옥과는 어울리지 않는 이름이지만 한옥과 실험실이라는 퓨전 느낌이 강한 이미지는 어린아이들부터 청년들, 그리고 어르신들까지 남녀노소를 불문하고 모두의 호기심을 자극한다.

창성동 실험실은 서강대학교 물리학과의 이기진 교수가 전시장과 작업

창성동 실험실

실로 사용하기 위해 오래된 한옥을 개조한 것이다. 원래 이름은 '창성동 물리학 실험실'이었지만 1회 전시회 후 2회부터는 창성동 실험실로 이름을 바꾸었다. 한옥에 물리학 실험실이라고 하니 그 어색함은 계속된다. 하지만 이런 참신한 아이디어가 한옥에 새로운 옷을 입히는 계기가 되었다. 현대의 이기들과는 어울리지 않을 법한 전통의 한옥이 이렇게 하나씩 범주를 넓혀 그 가치가 새롭게 조명받았으면 하는 바람이다.

골목길에 자리 잡은 카페와 갤러리

일상에 파묻혀 분주하게만 살아왔던 삶을 잠시나마 내려놓고 이제는 작은 쉼표 하나 찍어 보는 것은 어떨까? 선반 위에 먼지 쌓인 앨범을 꺼내 한 장 한 장 넘겨 가며 옛 추억들을 하나씩 꺼내 볼 수 있다면 이것만으로도 우리는 행복할 것이다. 추억의 한 장면을 넘기듯 새로운 추억도 쌓이게 될 테니 말이다. 그런 작은 쉼이 있는 장소가 서촌이다. 마을을 산책하다가 잠시나마 조용히 혼자만의 시간을 보내고 싶은 카페들이 골목 곳곳에 숨겨져 있다. 한옥 카페부터 갤러리 카페까지 다채로운 카페들이 많이 들어서 있

산책 후 휴식을 즐기기 좋은 서촌 골목 카페

전통 그릇과 미술 작품이 전시된 갤러리형 카페

어 한옥 마을을 가볍게 산책하고 휴식을 취하기 좋다.

먼저 방문한 곳은 통인시장 가기 전 자하문로 오른편에 있는 카페 '고희'다. 한낮의 카페는 조용하고 한적하다. 햇살을 담아내도록 분위기가 연출되어 조금 어두운 분위기 속에서도 따뜻함이 묻어난다. 모던풍의 유화 작품들이 한쪽 벽면을 차지하고 있어 카페라기보다는 작은 갤러리 같다.

낡은 한옥과 다세대 주택이 혼재되어 있는 자하문로 14길, 최근 한옥이 리모델링을 거쳐 카페나 음식점, 공방 등으로 새롭게 문을 열고 있는 골목이다. 그중 하나가 유러피안 퀴진(European Cuisine), 즉 유럽 요리 전문점인 '레써피(Recipe)'이다. 한옥을 리모델링하다 보니 음식점을 하기에 공간 활용도는 많이 떨어진다. 데이블은 고작 3개, 의사는 16개밖에 되지 않는다. 하지만 정갈한 한옥에서 조용히 즐길 수 있는 식사에 품격이 더해지면서 예약을 해야만 식사를 할 수 있을 정도로 인기가 높다.

리모델링된 한옥, 카페 '레써피'

자하문로로 빠져나와 반대편 통인시장으로 넘어가는 길, 통인시장 맞은편으로는 한옥 의상실 하나가 자리 잡고 있다. '아씨고전의상실'이라는 빛바랜 간판은 많은 사연을 담고 있는 듯하다. 이 의상실도 1970~1980년대 서촌의 풍경을 고스란히 간직한 곳이다. 한옥 건물 한편에 자리 잡은 의상실의 커다란 유리창은 항상 커튼으로 가려져 있다. 운이 좋은 날은 따

아씨고전의상실

뜻한 햇살 속 열린 커튼 사이로 아주머니가 재봉틀을 돌리는 모습을 볼 수 있다. 우리나라 산업화 시대를 배경으로 한 드라마에 나올 법한 풍경이다. 얼마 되지 않는 시간이지만 이곳 서촌에서 과거로 되돌아가 볼 수 있어 감회가 새롭다. 이 모습 그대로 오랜 시간 서촌의 풍경화 속 한 장면으로 남아 있으면 하는 바람이다. 공방, 카페가 아닌 '아씨고전의상실' 그대로 말이다. 어느 순간 이 의상실 옆으로 '차휴'라는 작은 카페가 들어왔다. '차휴'란 한잔의 휴식이란 뜻으로 재일 교포인 주인이 이곳 서촌의 매력에 빠져 카페를 열게 되었다고 한다.

Tip

서촌의 갤러리

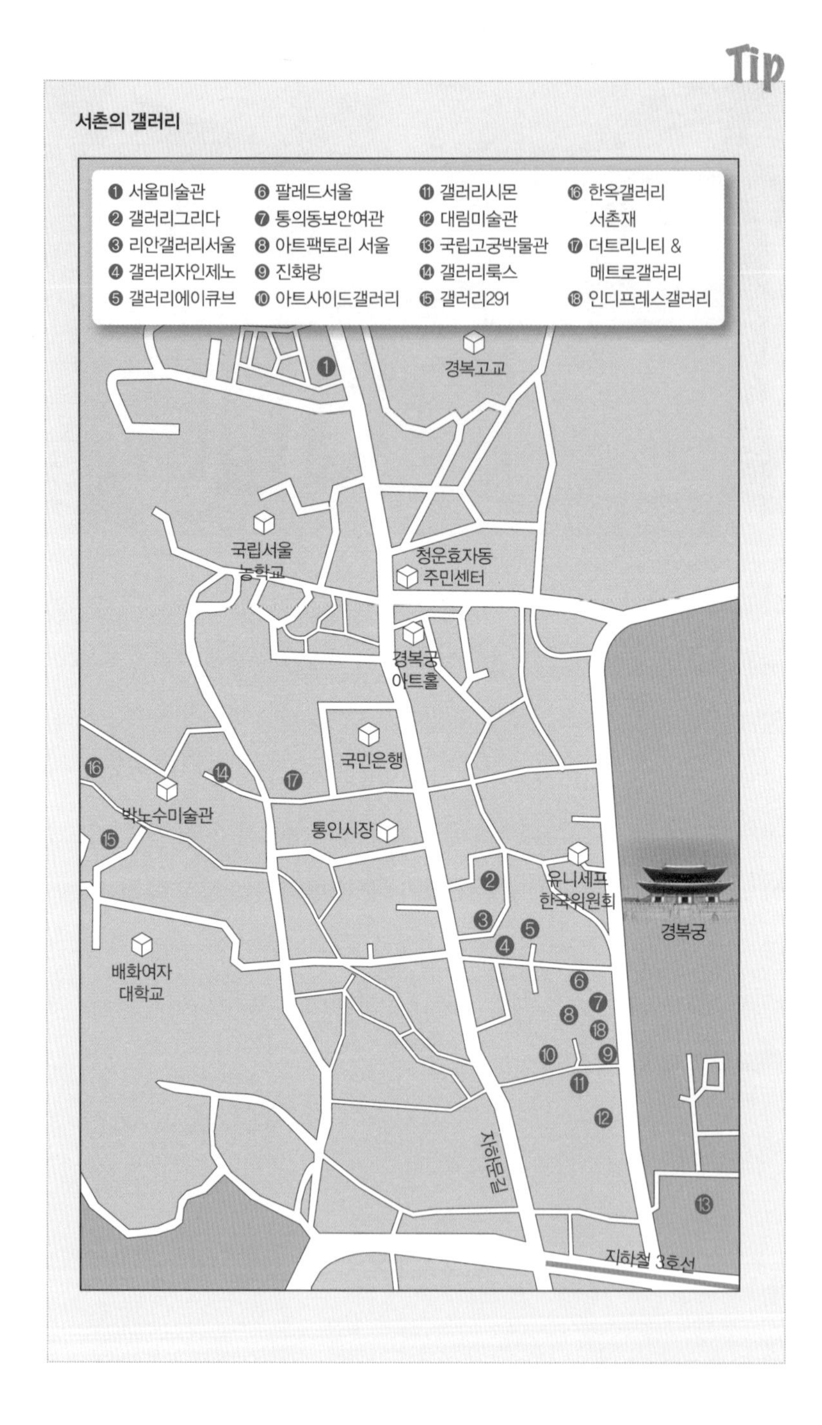

❶ 서울미술관
❷ 갤러리그리다
❸ 리안갤러리서울
❹ 갤러리자인제노
❺ 갤러리에이큐브
❻ 팔레드서울
❼ 통의동보안여관
❽ 아트팩토리 서울
❾ 진화랑
❿ 아트사이드갤러리
⓫ 갤러리시몬
⓬ 대림미술관
⓭ 국립고궁박물관
⓮ 갤러리룩스
⓯ 갤러리291
⓰ 한옥갤러리 서촌재
⓱ 더트리니티 & 메트로갤러리
⓲ 인디프레스갤러리
경복고교
국립서울 농학교
청운효자동 주민센터
경복궁 아트홀
국민은행
박노수미술관
통인시장
유니세프 한국위원회
경복궁
배화여자 대학교
자하문길
지하철 3호선

–

종로의 전통 시장 통인시장과 공방 거리

–

도시락 카페에서 '나만의 도시락' 만들기

작은 골목 하나로 이어지는 통인시장은 이곳 서촌을 대표하는 전통 시장이다. 두세 명이 함께 걸으면 시장 골목이 꽉 찰 정도로 비좁다. 개성상회부터 시작하여 호남상회, 여주상회로 이어진다. 왠지 개성상회 하면 개성인삼과 같은 특산물을 판매할 것 같지만 그렇지는 않다. 지역 이름을 딴 상점 이름에 끌려 하나하나 들어가 보지만 지역 특산물과는 아무런 관련이 없다. 우리나라 대표 재래시장을 방문할 때마다 지명과 판매되는 품목이

통인시장. 도시락 카페라는 아이디어로 전통시장의 활력을 찾을 수 있는 명소다.

시상 숭간에 있는 통인시장 이야기 지도. 통인시장의 역사와 명소를 한눈에 살펴볼 수 있다.

일치하지 않는 것을 보게 된다. 지명을 내걸었지만 지역 특산물보다는 상점 주인의 출신지나 취향을 드러낸다고 할 수 있다. 고향 사람들에게는 이것이 작은 소통을 이끌어 낸다.

통인시장은 규모는 작지만 갖가지 물건들을 갖추고 있어 구경하는 재미가 제법 쏠쏠하다. 역사와 전통이 오래된 종로구에 있다 보니 이 시장의 역사가 꽤나 길 것이라고 짐작하는 경우가 많지만 사실 그리 길지는 않다. 지금부터 70여 년 전인 1940년에 통인정 공설 시장으로 개설되었다. 1960년대 이후 이 골목을 따라 자연 발생적으로 하나둘 들어선 것이다. 점포 수도 100여 개밖에 되지 않고 시장에서 일하는 사람도 140명 남짓했다. 전통 시장이 위축되면서 식재료와 반찬거리 위주로 판매하는 이런 소규모의 시장은 대형 마트에 밀려 경기가 악화되었다. 이런 상황에서 2011년 문을 연 통인시장 '도시락 카페'는 재래시장의 혁명이라 불릴 만큼 엄청난 성공을 거

현금을 엽전으로 바꾸면 도시락을 주는데 시장을 돌면서 이 도시락에 엽전으로 산 음식을 담아 마음껏 맛볼 수 있다.

두었다.

'도시락 카페'는 현금으로 엽전(통인 티켓 제도)을 구입하고 이 엽전으로 음식을 사 먹는 방식이다. 시장에서 엽전으로 음식을 사고 맛보는 이색 체험에 시장은 점심때만 되면 문전성시를 이룬다. 블로그, 카페 등 인터넷을 통해 통인시장 도시락 카페가 알려지면서 이를 체험해 보기 위해 찾는 이들도 많다. 아이들이 엽전을 바꾸어 직접 음식을 사 먹고 시장의 물건들을 직접 보고 느끼면서 즐거워하는 모습에 함께 온 어른들의 얼굴에도 웃음꽃이 핀다.

도시락 카페의 '나만의 도시락 만들기'는 방문객들에게 여전히 큰 사랑을 받고 있다. 5000원 정도면 떡볶이, 순대, 튀김, 김밥 등의 분식이나 젓갈, 떡갈비, 나물, 잡채, 콩자반 등의 한식 이외에 다양한 음식들을 모두 맛볼 수 있기 때문이다. 방문객들은 직접 만든 도시락을 서로 나누어 먹으면서 어느덧 통인시장의 매력에 흠뻑 빠진다.

통인시장은 서촌 방문객들의 증가와 2011년 도시락 카페의 성공으로 재도약을 할 수 있었다. 또한 2013년 6월에는 종로구의 통인시장 제2차 전통시장 조성사업이 진행되면서 문화·예술이 흐르는 전통 시장으로 새롭게 태어났다. 이 사업은 서촌 인근 경복궁~청와대~광화문, 그리고 통인시장을 연계한 문화 관광 벨트를 조성하는 것이다. 내·외국인 관광객을 유치하기 위한 팸투어(Familiarization Tour) 프로그램을 개발하고 전통문화 체험 프로그램도 함께 운영하고 있다. 시장 골목에 화단을 설치하고 장미 아치를 만들어 정원 분위기를 조성하는 것도 관광객 유치를 위한 노력이다.

놋그릇 갤러리, '가지런히'

통인시장 입구에서 왼편으로 첫 번째 골목길에는 한옥 두세 채 정도만 남아 있다. 붉은 벽돌로 쌓아 올린 담벼락이 우리나라 근대 도시의 마을 경관을 보여 준다. 개량형 주택으로 'ㄷ'자형이고, 대청마루에는 문을 만들었으며, 한지 대신 유리로 창을 대었다. 봄이 시작되니 크게 길하고 경사스러운 일이 많이 생기기를 기원한다는 '입춘대길 건양다경(立春大吉 建陽多慶)'이라는 글귀가 굳게 닫힌 대문 위에 적혀 있다.

자하문로 13길에 들어서면 현대식 건물에 자리 잡은 공방이 있다. '놋그릇 가지런히'라는 상호가 무엇을 만드는 곳인지 바로 알려 준다. 한국 전통 그릇인 놋그릇을 만드는 공방이다. 공방이라기보다는 갤러리 겸 카페에 가깝다. 1층은 카페로, 2층은 갤러리로 이용되고 있다. 갤러리 안에 전시된 놋그릇은 모던하고 세련된 디자인 감각을 보여 준다.

'놋그릇 가지런히'. 공방이라기보다는 놋그릇 갤러리 겸 카페다.

이곳의 주인인 김순영 대표가 공방과 갤러리에 대해 친절하게 소개해 준다. 경남 무형문화재 제14호 이용구 '징장(징을 제작하는 장인)'의 아들인 자신의 남편과 함께 놋그릇을 만들어 '두 부자 공방'이라는 이름으로 공방도 운영하고 있다고 한다. 갤러리가 이곳 서촌에 자리 잡게 된 이유는 서울이 수요가 많고 서촌이라는 전통적 이미지의 매력 때문이라고 한다.

유기뿐만 아니라 금과 은은 모두 그릇의 재료로 사용되었다. 금은 예전부터 가치가 매우 높았고 은은 독과 접촉하면 변색되기 때문에 더 비싸기도 하였다. 그러다 보니 서민들은 놋그릇을 사용할 수밖에 없었다. 놋그릇의 놋쇠는 구리에 주석이나 아연, 니켈을 섞은 합금을 말한다. 구리가 금색을 내기 때문에 인기 있는 그릇의 재료였다. 구리로 그릇을 만들 때 여러 가지 금속으로 합금을 하는데, 고대 로마 사람들의 경우 납을 섞어 만든 그릇에 포도주를 데워 마셔 납중독에 시달리기도 했다.

우리나라 놋그릇의 역사는 기원전 6~7세기경으로 거슬러 올라간다. 중국으로부터 그 제작 방법이 도입되었고, 왕족이나 귀족의 집, 그리고 불교 행사에서 사용되었다. 조선 시대에는 놋그릇이 일상생활에 널리 쓰이게 되었고, 일제 강점기에는 유기 공출이라는 명목으로 각 가정에서 소유한 놋그릇들을 수탈당하기도 하였다. 현대 사회로 들어와서는 연탄가스에 쉽게 변색되는 놋그릇이 점점 스테인리스 스틸 그릇에 자리를 빼앗기면서 지금은 갤러리나 공방에서만 볼 수 있게 되었다.

우리나라의 놋그릇 제작 방법으로는 경기도 안성 지방의 주물제작법, 평안북도 정주 납청 지방의 방짜제작법, 전라남도 순천 지방의 반방짜제작법이 있다. 놋그릇 제작에 가장 적합한 제작 방법인 주물제작법은 구리에 주석이나 아연을 7대 4의 비율로 혼합한 쇳물을 녹여 틀에 넣고 굳은 후에 광을 내는 방법이다. 방짜제작법은 쇳물을 녹여 바대기(둥글고 납작한 쇳덩이)를 만든 후 이를 여러 사람들이 한 조가 되어 불에 달구어 가면서 두들겨 만드는 방법이다. 이때 구리 78%, 주석 22%를 혼합한다. 반방짜제작법은 그릇의 반 정도는 주물로 만들고 그릇의 끝부분은 집게로 집어 가면서 두들겨 만드는 방법이다. 구리에 섞는 금속에 따라 구리와 주석의 합금은 청동, 구리와 아연의 합금은 황동, 즉 놋쇠, 구리와 니켈의 합금은 백동 또는 백통으로 불린다.

'여름엔 시원한 사기그릇, 겨울엔 따스한 놋그릇'이란 말이 있다. 놋그릇이 사기그릇보다 열전도율이 높아 겨울철 밥을 담으면 따뜻하기에 나온 말이다. 최근에는 대장균 100%, 비브리오균 90%를 살균하는 효과가 있다고 알려지면서 놋그릇 애호가들이 생겨나고 있다. 놋그릇은 시간이 지나면 푸른 녹청이 생기기 때문에 예전에는 이를 깨끗이 닦는 것이 여인들의 일상 중 하나였다. 지푸라기를 수세미 삼고 여기에 기왓가루를 묻혀 윤이 나도록 닦았던 정성스러움이 가득한 그릇이 바로 우리 전통 그릇인 놋그릇이다.

근현대 생활문화유산을 따라 걷는 길, 이상의 집과 대오서점

요절한 천재 작가 이상, 서촌 '이상의 집'을 만나다

서촌은 근대와 현대 생활문화유산이 고스란히 남아 있는 문화의 한 장면이기도 하다. 자하문로를 따라 우리은행 효자동 지점까지 내려온 후 오른쪽 자하문로 7길까지 소설가 이상이 살았던 집부터 시작하여 60년이 넘은 대오서점, 전통 공방과 카페, 박노수미술관까지 시·공간을 거슬러 가며 색

'이상의 집'. 소설가 이상이 살던 집으로 알려져 2004년 등록문화재로 지정되었지만 이상이 실제로 살았는지에 대해서는 아직도 정확하지 않다.

다른 산책을 즐길 수 있다.

첫 번째로 방문한 곳은 요절한 천재 작가 이상이 세 살부터 스물세 살까지 살았던 집터다. 통인동 154-10번지로 이상은 이곳에 살면서 수많은 작품을 만들어 내었다. '돈가쓰살롱'이라는 상점과 그 옆에 내부 수리 중인 '이상의 집'이 그 터로 알려져 있다. 문화유산국민신탁과 재단법인 아름지기가 2013년 4월까지 '통인동 제비다방 프로젝트'의 일환으로 일반에게 개방하였다. '이상의 집' 재건 공사를 진행하였고 리모델링을 시작한 지 얼마 되지 않아 2014년, 드디어 '이상의 집'으로 재탄생하였다. 이를 통해 서촌이 문학 명소로 알려지면서 남녀노소를 불문하고 많은 문학 애호가들이 방문하는 체험 명소가 되었다. 현재도 재단법인 아름지기가 제비다방에 이어서 지속적으로 관리와 운영을 하고 있다.

이상의 집은 인물과 장소를 기념하는 방식에 대한 새로운 실험 공간이자, 이상의 예술혼을 잇는 이 시대의 이상들이 창조적 활동과 교류를 펼칠 수 있는 플랫폼을 조성하려는 목적에서 시작되었다. 실내는 10평 남짓한 작은 규모지만 카페처럼 아늑한 분위기와 정취를 느낄 수 있어 잠시 쉬어가기에도 좋다. 이지은 건축가는 이곳을 '이상의 집' 안에 삽입된, 이상에게 헌정된 공간이라고 표현하였다. 또한 내·외부에서의 경험이 대조적으로 설정된 일명 '이상의 방'은 이상다움이 내재하는, 작지만 끝없이 열려 있는 방이라고 설명하였다.

이상의 집에는 이상의 작품과 함께 다양한 현대 문학 작품이 전시되어 있다. 아늑한 공간 안에 전시된 이상의 대표 작품인 『날개』, 그리고 사후에 친구인 시인 김기림에 의해 출간된 『이상 선집』을 보면서 잠시 이상의 삶을 그려 본다. 본명은 김해경이며 스물일곱에 요절했다. 짧고 굵게 살다 간

천재 시인이자 문인인 이상은 『동백꽃』 등으로 유명한 작가 김유정과도 각별한 사이였으며 생을 마감하기 직전까지 동병상련의 아픔을 함께했다.

▲ 이상의 집에 전시된 도서들. 이상의 작품과 함께 다양한 문학 작품이 있다.
▼ 10평 남짓한 작은 집이지만 카페처럼 아늑한 분위기와 정취를 느낄 수 있다.

이상이 천재로 불린 이유는 무엇일까? 아마 그의 괴팍함 때문이 아닐까? 그는 괴팍하고 상식을 벗어난 행동을 많이 해 문단에서 문제아로 알려진 인물이었다. 문학 사상 최초로 이성과 의지를 무시한 자동기술법을 썼고, 숫자와 기하학 기호를 삽입하였다. 또 난해한 한자와 일어를 사용하였으며, 띄어쓰기를 철저하게 무시한 작품을 탄생시켰다. 이와 같은 파격적인 활동이 그를 천재로 만든 것이다. 『날개』, 『이상 선집』, 「오감도」 등은 그의 천재성이 여실히 드러나는 작품들이다.

또한 이상은 카페를 즐겨 찾았던 인물이기도 하다. 청진동 조선광무소 1층에 제비다방을 개업했다가 문을 닫은 후에는 인사동에서 '쓰루', 종로 1가에서 '69', '무기', '맥' 등을 열었다. 하지만 이상은 사업에는 재주가 없었던 것 같다. 여는 사업마다 모두 망치고 말았으니 말이다. 아무튼 어릴 적에 이상의 작품과 생애를 보면서 그와 같은 삶을 살아 보고 싶다는 생각을 한 적도 있다. 젊은 나이에 생을 마감한 것은 안타깝지만 그의 작품은 우리들 가슴속에 여전히 청춘의 기억으로 살아 숨 쉬고 있다.

서울에서 가장 오래된 서점인 대오서점

자하문로 7길을 따라 오르다 보면 9길과 서로 만나게 된다. 이 지점을 지나 계속해서 올라가면 왼편에 장식품 가게와 카페가 들어선 한옥 건물 사이에 작은 서점이 있다. 이 서점이 서울에서 가장 오래된 서점인 대오서점이다. '대오서점'이라고 쓰인 간판의 '서점'이라는 글자가 조금 지워져 이를 찾지 못하고 무심코 지나치기 일쑤다. 드라마 〈상어〉와 가수 아이유의 뮤직비디오에 등장하면서 지금은 지역 명소로 자리 잡았다.

미닫이문을 열고 들어가면 사람 한두 명도 제대로 서 있을 만한 공간이 없을 정도로 비좁다. 이미 수북이 쌓인 책들은 그 색이 바래고 바래 본래의 색을 잃어버린 지 오래다. 1951년 대오서점은 이곳에서 문을 열었다. 벌써 60년이 넘는 세월이 흘렀지만 그 빛바랜 흔적은 우리를 옛 기억의 공간으로 안내한다. 입소문을 타고 알려지기 시작한 대오서점은 어느새 서울시 미래유산으로 선정되었다. 문을 닫을 처지에 놓여 있던 서점을 찾는 방문객들이 증가하면서 서점 옆 공간은 대오서점 카페로 이용되고 있다. 서촌의 명소로 알려져 있다 보니 방문객이 서점을 둘러보기 위해 들어가려다가

1951년 문을 연 대오서점. 현재 서울에서 가장 오래된 서점으로 아직도 그 자리에 남아 있다.

함께 만들어 가는 문화공간이라는 모토로 새롭게 단장한 카페 대오서점.

발걸음을 돌린다. 카페 문에 '대오서점은 카페입니다. 이용하실 분만 입장 바랍니다', '카페 내부 구경만은 불가합니다'라고 적혀 있으니 음료를 사지 않고서는 서점 안을 구경할 수가 없다.

쉽게 방문을 허락했던 중고서점이 이제는 카페 손님이어야만 볼 수 있도록 바뀌어 이곳을 자주 찾았던 이들은 씁쓸해한다. 이곳을 살리기 위해 도와주었던 이들도 이러한 변화에 대해 달가워하는 모양새는 아니다. 방문객의 구경까지 돈으로 사는 행위로 변질되어 가는 모습이 안타깝다. '함께 만들어 가는 문화공간'이라는 간판과 '대오서점 평상 음악회'라는 안내문은 누구나 쉽게 방문할 수 있는 공간이라고 이야기하는 것 같은데 이렇게 닫힌 공간으로 만들어 가다가는 지역 사회에서뿐만 아니라 방문객에게까지 외면당하지 않을까 하는 걱정이 앞선다.

옥인길, 박노수미술관 가는 길

옥인길 따라 미술관 가는 길

자하문로 7길이 끝나는 지점에서 필운대로를 넘어 옥인길로 접어든다. 이 길을 따라 15분 정도 걸으면 박노수미술관, 그리고 30분 정도 걸으면 수성동 계곡이다. 미술관 가는 길에는 작은 공방들과 카페들이 자리 잡고 있어 젊은이들이 자주 찾는다. 그중 대표적인 명소가 '옥인길26'과 '미술관 옆 작업실'이다.

옥인길26. 내부를 한옥처럼 꾸며 놓았다.

'옥인길26'은 외관만 보면 서촌 지역의 여느 벽돌집과 다를 바 없지만 내부는 한옥으로 꾸며 색다른 분위기가 느껴진다. 천장을 보면 한옥에 들어온 듯한 기분이 들 정도로 한옥 구조의 느낌을 살려 리모델링하였다. 카페 구석구석에는 고양이상들이 장식되어 있어 숨겨진 고양이를 찾는 것도 흥미롭다.

미술관 옆 작업실. 갤러리 겸 카페로 이용된다.

미술관 옆 작업실은 박노수미술관으로 올라가는 옥인길과 옥인 1길 사이에 자리 잡고 있다. 이곳은 2013년 12월에 문을 열었다. 인테리어 디자이너 출신인 주인은 목공과 페인팅, 배선 등 내부를 모두 직접 수작업을 통해 만들었다. 한쪽 벽면에는 유럽 여행 중에 촬영한 흑백 사진들이 전시되어 있고, 옆 선반에는 작가가 수집한 소품들이 전시되어 있다. 이 작업실은 갤러리 겸 카페로도 이용되는데 메뉴는 핫초코가 전부이다. 우유에 벨기에산 초콜릿을 녹여 만든 '진짜진짜핫초코'는 달달하면서도 초콜릿 향이 강해 젊은 여성들을 유혹한다.

건축 문화가 조화를 이룬 박노수미술관

미술관 옆 작업실에서 옥인 1길을 따라 10미터 정도 올라가면 서울시 문화재자료 제1호로 지정된 박노수 가옥이 있다. 지금은 미술관으로 이용되고 있다. 박노수 가옥은 화신백화점과 보화각(현재 간송미술관) 등을 설계한 근대 건축가 박길룡이 1938년에 지은 집으로 우리나라와 서양, 일본의 건

박노수미술관. 1938년에 지어진 박노수의 가옥을 개조해 만든 미술관이다. 우리나라의 건축 양식과 일본의 건축 양식, 그리고 서양의 건축 양식이 절충된 건물로 문화적 가치가 있다.

축 양식이 절충되어 그 자체로 문화적 가치가 높다.

박노수미술관은 개인 주택이었기 때문에 일반적인 미술관과 비교하면 아담한 규모이다. 하얀색 대문은 활짝 열려 있고 그 안에 들어가면 나무와 석등, 수석 등으로 꾸며진 정원이 보인다. 원래 이 집은 친일파 윤덕영이 그의 딸과 사위를 위해 지은 집이었다. 이화여자대학교와 서울대학교에서 교수를 지낸 박노수는 윤덕영과 아무런 관련이 없으며 친일파 또한 아니다. 그는 1972년에 이 건물을 구입해 작품 활동을 하며 거주하다가 이를 종로구에 기증하였다.

종로구는 이 가옥을 종로구립미술관으로 개장하였으며, 종로구민에게는 입장료를 받지 않는다. 이곳은 미술 작품과 함께 일제 강점기에 만들어진 개인 주택을 함께 볼 수 있다는 점에서 규모는 작지만 문화적 가치를 담고 있다.

집 안으로 들어서니 아치형 현관 위에 추사 김정희가 '여의륜'이라고 쓴 현판이 보인다. 실내화를 갈아 신고 집으로 들어가니 자원봉사를 나온 대학생들이 반갑게 맞이해 준다. 박노수 화백은 1961년부터 국전 초대 작가를 지낸 우리나라의 대표 작가다. 한국화의 아름다움을 현대적으로 재탄생시킨 그의 작품은 '절제된 운필과 강렬한 색감'이란 말로 표현된다. 자연 속에 파묻혀 홀로 있는 '고사(高士)', 달빛 아래에서 피리를 부는 '월하취적(月下吹笛)' 등의 작품을 보면서 그의 작품 세계를 느껴 본다. 거침없는 붓질에서 강인함이 느껴지고, 강렬한 청색과 노란색, 녹색이 대비를 이루는 색감이 신비롭다.

–

진경산수화 속 서촌 수성동 계곡

–

수성동 계곡 가는 가을 산책길

박노수미술관에서 나와 옥인길을 따라 옥인제일교회 방향으로 오르면 수성동 계곡이지만, 잠시 옥인 5길로 방향을 돌려 10분 정도 마을 골목을 산책한다. 연립 주택들 옆으로 아주 작은 사찰 하나가 자리 잡고 있다. 사찰의 규모가 작아서 정면에 대웅전이 바로 보인다. 흥미로운 점은 사찰의 이름이 불국사라는 점이다. '서촌에도 불국사가 있다?' 퀴즈로 출제될 법한 흥미로운 소재다.

이 골목은 서촌 해맞이 공원으로 가는 산책로로 이어진다. 사계절 모두 가지각색의 옷을 입고 있어 등산객들로 붐빈다. 특히 가을이 되면 인왕산 수성동 계곡 아래 골목길이 단풍으로 물들어 수많은 방문객들을 맞이한다. 가을 정취에 빠져 발걸음이 저절로 늦추어진다. 담장 밖으로 뻗어 나온 감나무 가지에 매달려 빨갛게 익어 가는 감, 여름 내내 힘들게 담을 타고 담

철거된 옥인아파트 옆 연립 주택들

서촌의 작은 사찰인 불국사

장 끝까지 올라온 담쟁이덩굴, 아직은 감나무처럼 붉게 물들지는 않았지만 제법 가을빛을 타는 듯한 무화과까지 노란빛으로 물들어 가을의 향연이 펼쳐진다.

수성동 계곡, 기린교를 찾아서

골목 산책을 마치고 다시 옥인길로 돌아와 수성동 계곡을 오른다. 마을버스의 마지막 정류장 뒤로 꽤나 오래된 저층 아파트가 남아 있다. 조금 더 오르자 드디어 수성동 계곡과 인왕산 봉우리가 한눈에 들어온다. '옥인시범아파트 흔적'이라고 적힌 안내판을 보면서 당시 이곳의 풍경을 머릿속으로 그려 본다. 아홉 개 동이나 되는 대단위 아파트 단지, 1970년대 당시 이

수성동 계곡. '수성동(水聲洞)'이라는 이름은 계곡의 물소리가 크고 맑아 붙여진 것이다.

기린교(왼쪽)와 수성동 계곡

곳에 살던 주민들은 인왕산 아래 아파트에 산다는 자부심이 대단했을지도 모른다. 1971년에 지어진 옥인시범아파트는 2008년 지역 복원 사업이 시작되면서 역사의 뒤안길로 그 자취를 감추었다. 하지만 이 복원 사업으로 인해 수성동 계곡이 새롭게 되살아날 수 있었다.

'수성동(水聲洞)'은 계곡의 물소리가 크고 맑다고 하여 붙여진 이름이다. 겸재 정선이 북악산과 인왕산의 경승 8경을 그려 담은 '장동팔경첩'에 속할 만큼 아름다운 곳이 수성동 계곡이었다. 조선 시대 역사지리서인 『동국여지비고』, 『한경지략』 등에도 명승지로 소개되었다. 무엇보다 이곳은 세종대왕의 셋째 아들이며 자신의 형인 수양대군에 의해 죽임을 당한 안평대군이 집(비해당)을 짓고 살았던 곳이다. 안평대군은 서예와 시문, 그림 등에 능하고 글씨가 뛰어나 당대 명필로 꼽혔을 정도이고 풍류를 아는 왕자로 이

Tip

진경산수화가 그려 낸 서촌, 수성동을 살리다

수성동에서 비를 맞으며 폭포를 보고 심설(沁雪)의 운(韻)을 빌린다.
골짜기 들어오니 몇 무 안 되고, 나막신 아래로 물소리 우렁차다.
푸르름 물들어 몸을 싸는 듯 대낮에 가는데도 밤인 것 같네.

위 시는 추사 김정희가 쓴 '수성동 우중에 폭포를 구경하다'로 당시 계곡의 모습을 그려 볼 수 있다. 이 계곡물은 조금 더 내려가 작은 두 개의 하천과 만나 청계천을 이룬다. 옥인아파트 아홉 개 동을 허물 때 6동 벽면의 일부를 계곡 왼쪽 언덕 위에 그대로 남겨 놓아, 근현대 수성동 계곡의 역사의 흔적을 느낄 수 있다. 그리고 옛 기록에는 없지만 주민들의 요청에 따라 사모정이라는 정자를 세워 그 멋을 더욱 살렸다.
하지만 이러한 복원에도 찬반 논쟁은 거세다. 그것은 300년 전의 풍경을 되살리기 위해 주민 보상 980억 원, 공원 조성 80억 원, 총 1000억 원이 넘는 사업 비용을 들여야 했기 때문이다. 실제로는 인왕산 경치와 생태계 복원을 위해 2009년부터 2012년까지 2120억 원의 예산이 투입되었다. 복원한 후에는 계곡 주변엔 소나무와 산철쭉 1만 8000그루도 심어 옛 모습을 재현하였다. 엄청난 복원 비용에 많은 비판을 샀지만 2014년 제6회 대한민국 국토도시디자인대전에서는 최고상인 대통령상을 수상하는 등 최근에는 조금씩 높은 평가를 받고 있다.

곳 계곡을 즐겨 찾았다고 전해진다.

지난 2007년 이곳의 문화 유적을 조사하던 과정에서 아파트 옆 암반과 벽 사이에 겸재 정선의 그림 '장동팔경첩' 중 '수성동'에 그려진 돌다리 '기린교'가 발견되면서 복원 공사가 시작되었다. 수성동 계곡은 정선의 그림에서 연유하여 계곡의 이름이 붙여졌고 2010년에는 서울시 기념물 제31호로 지정되었다. 이 다리가 발견되기 전에 아파트를 철거하고 공원을 조성하려는 움직임도 있었다. 하지만 이 다리의 발견으로 조선의 모습을 고스란히 담아 낸 공원으로 탈바꿈되었다. 계곡 입구에 있는 겸재 정선의 '수성동' 그림과 복원된 계곡의 풍경을 함께 비교해 보는 것도 이곳을 찾는 큰 묘미가 되었다.

복원된 기린교에 올라 한가운데 서면 시·공간을 초월하여 몇백 년 전 조선에 방문한 듯하다. 위로는 인왕산의 절경과 위엄이 느껴지고 아래로는 서울 시가지의 풍경이 한눈에 담긴다. 바위 절벽을 휘감으며 돌아가는 수성동 계곡의 물살도 제법 세다.

얼마 전까지는 지나다닐 수 있었던 기린교를 이제는 더 이상 걸어 볼 수 없게 되었다. 방문객들의 안전사고를 예방하고 기념물을 보호하기 위해 그 주변을 막아 놓았기 때문이다. 이제는 계곡 입구에서 조금 떨어져 눈으로만 봐야 해서 아쉽지만 이렇게라도 계곡의 모습이 오랫동안 남아 있었으면 하는 바람이다.

윤동주가 머물렀던 그 하숙집

수성동 계곡을 산책한 후 올랐던 길을 다시 내려와 마을 골목으로 돌아온다. 옥인길을 따라 100미터 정도 내려오는 길은 20년이 넘은 다가구와

한국문학사에 한 획을 그은 장소인 윤동주 하숙집 터

윤동주 하숙집 터 안내판에 있는 1970년대 누상동 풍경을 찍은 사진

다세대 주택들로 낡은 거리 풍경이다. 주택들이 서로 담을 마주하고 있어 1960~1970년대 지나간 세월을 이야기하는 듯하다. 이 주택들 사이로 오른편에 있는 주택 한 채가 조금은 더 예스럽다. 한쪽 벽면에 있는 안내판 하나가 이곳이 바로 독립운동가이자 작가로 활동했던 윤동주 시인의 하숙집이었음을 보여 준다. 1941년 당시 소설가 김송의 집이었던 이곳에서 윤동주가 연희전문학교 재학 시절 후배인 정병욱과 함께 하숙을 하며 지냈다. 그는 이곳에 머무르며 수많은 작품을 완성하였는데, 그중 하나가 그의 대표 시 「하늘과 바람과 별과 시」다.

하숙집 터에는 시인 윤동주에 대한 설명과 함께 빛바랜 사진 한 장이 담겨 있다. 얼핏 윤동주 시인이 살았던 일제 강점기 때의 풍경이라고 생각할 수도 있는 사진이다. 하지만 사진 위쪽을 자세히 살펴보면 옥인아파트가 보인다. '1970년대 누상동 풍경, 왼쪽 한옥이 윤동주가 하숙했던 소설가 김송의 집'이라는 사진 설명이 옥인아파트라는 짐작을 뒷받침해 준다. 유심히 사진을 들여다보면 하숙집 맞은편으로 당시까지 일본식 적산 가옥들이 남아 있었음을 알 수 있다.

길 하나를 두고 두 동네로 나뉘어 있었다. 하나는 누상동이고 다른 하나는 옥인동이었다. 윤동주가 이곳에서 하숙을 하던 당시 누상동엔 평범한 서민들이 주로 살았고, 옥인동 일대엔 권세를 가진 부자들과 일본인들이 주로 살았다. 당시 윤동주는 골목 건너편에 거주하는 일본인들과 권세가들을 보면서 어떤 생각을 했을까? 어둡고 가난한 생활을 해야만 했던 조국의 참담한 현실에 하루도 잠을 이루지 못하고 고뇌하고 갈등하였을 듯싶다. 옆에서 매일 일본의 권세가들을 직접 봐야만 했으니 지식인으로서 가슴이 찢어질 듯 아팠을 것이다. 고뇌와 번민으로 그는 동시 쓰는 것조차 절필하게 되었다. 이러한 내적 갈등의 모습은 그가 쓴 「사화상」에 여실히 드러난다. 항일 운동으로 일본의 후쿠오카 형무소에서 복역하다가 스물여덟의 젊은 나이로 생을 마감해야 했던 그의 삶을 다시 그려 본다.

―
서촌 문학 산책길
―

청운초 송강 시비 길과 서울농학교 벽화 길

시인의 언덕과 윤동주 문학관이 자리 잡은 청운공원으로 가기 위해 자하문로를 따라 오른다. 통인시장에서 도보로 30분 이상 올라야 하지만 서촌에서의 문학 산책을 위해 걷는다.

그 첫 장소는「관동별곡」,「성산별곡」,「사미인곡」,「훈민가」등 우리 문학사를 대표하는 작품들을 감상할 수 있는 청운초등학교이다. 청운초등학교는 지금은 현대화되었지만 1923년 일제 강점기에 개교한, 우리 근대 문화유산의 하나다. 교문 앞으로 이곳에서 태어났다고 하는 송강 정철에 대한 안내판이 있고, 그의 작품을 담아낸 시비들이 세워져 있다. 이 시비들은 그의 투철한 충효사상과 선공후사의 공복 정신을 기리고, 시가 문학의 우

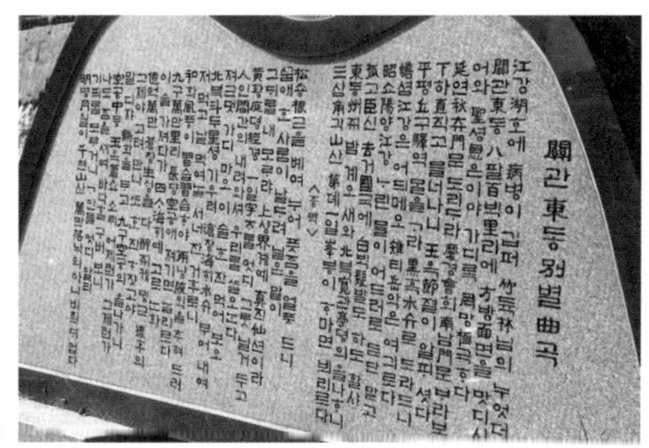

청운초등학교 앞 송강 정철 시비

100년이 넘는 전통을
가진 국립 서울농학교

수성과 창의성을 알리고자 만든 것이다. “강호에 병이 깊어 죽림에 누웠더니, 관동 팔백 리의 관찰사를 맡기시니, 아, 성은이여 갈수록 망극하나. 연추문 들어달려 경회 남문 바라보며, 하직하고 물러나니 옥절이 앞에 섰다.” 고등학교 다닐 적 문학 과제로 줄줄 외웠던 「관동별곡」의 구절들이다. 당시에는 그 양이 너무 많아 외우기에만 급급해 작품의 내용과 가치를 제대로 느끼지 못했다. 이제야 하나둘 제대로 그 의미를 생각해 보게 된다.

청운초등학교로 가기 전, 필운대로 골목 안쪽에는 서울농학교가 있다. 이 학교의 전신은 1913년 제생원에 설치된 맹아부이다. 서촌의 역사와 함께하고 있는 이 학교 담장은 이곳 아이들이 그린 벽화들로 가득하다. 교문을 따라 양쪽으로 두 가지 형태의 벽화가 있는데 하나는 ‘수화–세상에서 가장 아름다운 말’이고, 다른 하나는 ‘점자–만지는 글, 아름다운 기억’이다. 배영환 작가가 학생들과 함께 서울시 도시갤러리 프로젝트 사업으로 만든 이 작품은 ‘아름다운 말(수화)’을 둘러싼 다양한 그림을 보여 준다. 벽화는 다섯 개의 패널로 구성되어 있다. 벽화 안에는 수화의 한글 자음과 모음, 숫자, 알파벳의 한국 표준 디자인과 아기자기한 그림 등이 그려져 있다. 또한

언덕 위에 세워진 경복교회. 1968년 세워진 이 작은 교회는 예배당 안으로 들어가는 계단형 입구가 소박한 가을 정취를 느끼기에 더할 나위 없이 훌륭하다.

손 모양이 찍힌 도자 벽화와 점자가 함께 새겨져 있다. 서촌의 여느 체험 지역과 비교해도 손색이 없을 정도로 마음을 따뜻하게 해 주고 뿌듯함도 느끼게 하는 서촌의 숨겨진 명소다.

농학교를 지나 100미터 정도 더 오르면 언덕 위에 아담한 교회가 터를 잡고 있다. 1968년 세워진 경복교회다. 예배당 안으로 들어가는 입구에 경사를 따라 계단이 놓여 있다. 50여 년이라는 세월의 흔적 속에서 그 빛이 바래고 바래 소박한 가을 정취가 느껴진다.

유니세프 한국위원회와 브루나이 대사관

자하문로로 나와 청운초등학교 건너편을 보면 이곳 서촌의 풍경과는 사뭇 거리감이 느껴지는 건물 하나가 있다. 현대적 디자인 감각이 돋보이는 이곳은 유니세프(UNICEF, 국제 연합 아동 기금) 한국위원회다. 유니세프는 국제 연합(UN)의 특별 기구이다. 1946년 12월 11일, 개발 도상국 아동의 보건, 영양, 교육 등에 대하여 지원을 할 목적으로 설립되었다. 1994년 유니세프 한국대표부가 유니세프 한국위원회로 바뀌면서 지원을 받는 혜택국에서 지원국이 되었다. 북한, 르완다, 소말리아 등에 긴급 자금을 지원하였고, 현재도 다양한 지원 기금 조성 활동을 통해 국제 원조 활동에 앞장서고 있다.

유니세프 한국위원회 건물을 지나 자하문로를 따라 오르는 길, 그 오른편으로는 경복고등학교, 위로는 경기상업고등학교가 위치하고 있나. 경기상업고등학교는 지하 주차장 건설 계획 문제로 지역 주민들과 갈등을 빚고 있다. 청운동 주민들은 이곳에 주차장이 생기면 서촌 방문객들의 승용차와 수많은 관광버스가 들어와 주민들의 쾌적한 삶이 훼손될 것이라며 반발하고 있는 것이다. 주민들의 입장에서 볼 때 충분히 반대할 만한 일이지만 서촌 지역의 심각한 주차 문제를 해결할 수 있는 방안이기도 해서 어떻게 결정될지 지켜봐야 할 것 같다.

유니세프 한국위원회

경기상업고등학교 맞은편에는 서울 한남동이나 청담동에나 있을 법한 고급 빌리지가 있는데, 사실 이 건물은 주한브루나이 대사관이다. 1987년 7월 세워진 브

주한 브루나이 대사관. 1987년 7월 세워진 브루나이 외교 사절단의 상주 공관이다.

루나이 외교 사절단의 상주 공관으로 제법 오래된 건물이다. 브루나이는 우리나라와 1984년부터 외교 관계를 수립하였으며, 우리나라는 브루나이에서 원유와 천연가스, 향신료 등을 수입하고 철강이나 전자제품 등을 수출한다.

브루나이 대사관을 지나 자하문로 36번길을 따라 청운공원으로 오르는 길 또한 산책을 즐기기에는 부족함이 없다. 공원 앞 청운동 마을은 생각했던 것보다는 훨씬 더 한적하다. 작은 마을 같지만 길을 걷다 보면 드라마 속에서나 볼 수 있는 고급 주택들이 보인다. 담장은 안을 들여다볼 수 없을 정도로 높고, 주차장 입구도 따로 만들어진 고급 주택들을 보고 있노라면 그 아래 필운동, 체부동, 누하동에서 본 서촌의 옛 주택들과는 달리 왠지 모를 거리감이 느껴진다. 주말임에도 불구하고 인기척 하나 느낄 수 없을 정도로 마을은 조용하다. 이 정적을 깨지 않으려 한 걸음 한 걸음 천천히 걸으며 청운공원에 오른다.

청운공원, 그리고 시인의 언덕

드디어 청운공원이다. 언덕에 오르니 눈앞에 서촌 전경이 펼쳐진다. 초가을이라 숲은 푸르른 가운데 갈색 옷으로 갈아입는 중이다. 좁은 산책로를 따라 가을 들꽃들이 피어나면서 시인의 언덕은 더욱 그 빛을 더해 모두가 시인이 되는 듯하다. 언덕 위에는 그의 대표 작품인 「서시」를 새긴 시비가 세워져 있다. 이를 보는 순간 잠시 걸음을 멈추고 시를 읽으며 나를 다시 한번 되돌아본다. 윤동주가 연희전문학교 재학 시절 시정을 다듬곤 했던 곳으로 「별 헤는 밤」, 「자화상」, 「또 다른 고향」을 탄생시킨 무대가 바로 이 언덕이다. 어릴 적 그의 작품을 보면서 시간 가는 줄 모르고 황홀감에 빠졌던 기억이 아직도 선하다. 제일 좋아하는 시인이 누구냐고 물으면 주저할 것 없이 윤동주라고 이야기했었다. 그의 유고 시집 『하늘과 바람과 별과 시』는 지금도 삶의 무게가 느껴질 때마다 다시 읽곤 하는데 읽고 나면 나도 모르게 자연스럽게 치유가 된다.

시인의 언덕에는 그가 시의 소재로 삼아 '윤동주 소나무'로 불리는 소나무 한 그루도 그대로 남아 있다. 멀리서부터 소나무에서 윤동주 시인의 향기가 묻어난다. 언덕 위에서 부는 바람에 보랏빛 가득한 벌개미취가 흔들리고, 가까이 다가가니 성곽 너머 북악산이 눈앞에 있는 듯하다.

돌계단 위로 올라서니 인왕산과 북악산, 도시와 궁궐이 어우러진 웅장한 장관이 펼쳐진다. 구름 한 점 없는 하늘빛은 더욱 파랗고 볼을 살짝 스치는 바람은 어느덧 가을이 왔음을 느끼게 해 준다. 평온한 시인의 언덕에서 천천히 발걸음을 옮기면서 잠시 동안 생각의 굴레에서 벗어나 본다.

시인의 언덕 위 산책로. 윤동주가 시의 소재로 삼았던 소나무 한 그루와 야생화가 가득한 길이 방문객들을 맞이한다.

버려진 물탱크가 윤동주 문학관으로 태어나다

시인의 언덕에서 청운공원 길을 따라 창의문로 방향으로 내려가면 공원 뒤편으로 서울 성곽 길이 이어져 있어 옛 한양 도성의 정취를 느낄 수 있다. 자하문로 35번길과 창의문로가 만나는 삼거리에서 윤동주 시인의 작품이 전시된 문학관을 만날 수 있다.

하얀색 바탕에 직사각형의 파사드를 보여 주는 외관은 단순하면서 세련된 디자인이 돋보인다. 무엇보다 버려진 물탱크와 가압장 시설을 재건축하여 문학관이라는 새로운 옷을 입혔다는 점이 인상적이다. 2012년 7월 개관한 이 문학관은 윤동주의 시 「자화상」에 등장하는 우물에서 영감을 얻어 만든 건축물로 2014년 서울시 건축상 일반부문에서 대상으로 선정되기도

윤동주 문학관. 버려진 물탱크와 가압장 시설을 재건축하여 문학관이라는 새로운 옷을 입혔다는 점이 인상적이다.

하였다.

문학관은 암울한 시대를 살았던 윤동주의 방황과 고뇌, 그리고 부끄러움의 감정을 시로 써 나갔던 흔적을 고스란히 보여 준다. 관람료가 없는 전시장은 시인채(제1전시실), 열린 우물(제2전시실), 닫힌 우물(제3전시실), 카페 별뜨락(아담한 정원 테라스로 꾸며진 휴식 공간)으로 구성되어 있다.

커다란 창에 햇살을 가득 품은 시인채는 시인의 순결한 시심을 상징하는 순백의 공간으로, 윤동주의 대표 시집이 전시되어 있고, 그의 일대기가 정리되어 있다. 윤동주가 평소 존경했던 백석 시인의 시집을 필사한 친필 원고 영인본(影印本)을 보면서 감회에 젖는다. 무엇보다 시선을 끄는 것은 일본 유학 길에 창씨개명을 하고 닷새 후 쓴 '참회록' 원고의 영인본이다. 원고지 여백에는 당시의 복잡한 심경을 드러내는 듯한 흐린 연필 낙서들이 보인다. '시인의 생활', '힘'이란 여백의 글들을 보면서 당시 시인의 슬픔을 짐작해 본다.

제3전시실로 이동하는 공간은 정말 아무것도 없는 빈 공간이다. 경사진 길을 따라 내려가는 이동 통로처럼 보이는데 이 공간 자체가 '열린 우물'이라는 주제의 제2전시실이다. 이곳에서는 간혹 전시나 촬영 등이 진행된다. 닫힌 우물인 제3전시실은 조그마한 사다리 통로를 제외하고는 모든 빛이 차단되어 있다. 시인이 고문으로 생을 마감했던 어두컴컴한 후쿠오카 감옥의 모습이다. 이곳에서 상영되는 시인의 일대기를 다룬 영상을 보고 있으면 시인의 고독과 숙명에 가슴이 먹먹해진다.

도시 산책 플러스

교통편

1) 승용차 및 관광버스

- 승용차: 경복궁역이나 경복고등학교 앞(주차 여건이 좋지 않음)
- 관광버스: 자하문로 경복궁역이나 경복고등학교 앞

2) 대중교통

- 지하철: 3호선 경복궁역 ①②③ 출구 서촌 방향
- 버스: 마을버스(종로01, 종로02, 종로11), 간선(109, 151)

플러스 명소

▲제헌회관
우리나라 제헌 의원들의 모임인 제헌 동지회가 1983년 6월부터 2008년 2월까지 사용한 곳. 종로구 관철동에 있던 것을 1983년 이곳으로 이전했음

▲서촌예술시장
갤러리 아티온 옆 주차장에서는 2014년 4월부터 주말마다 젊은 예술인이 만나 예술의 장을 열고 있음

▲보안여관
1930년대 '시인부락'이라는 문학 동인지를 탄생시킨 서정주와 김동리, 오장환, 김달진 등이 이곳에서 하숙하였음

산책 코스

◎ 지하철 3호선 경복궁역 ···› 서촌 스타벅스 ···› 김정희 선생 집터, 창의궁 터 ···› 제헌회관 ···› 일본식 가옥 ···› 서촌 한옥 ···› 갤러리 거리 ···› 통인시장 ···› 옥인길 ···› 박노수미술관 ···› 수성동 계곡 ···› 사직단

◎ 지하철 3호선 경복궁역 ···› 세종대왕 나신 곳 ···› 이상의 집 ···› 대오서점 ···› 통인시장 ···› 서울농학교 ···› 청운초등학교 송강 시비 ···› 유니세프 한국위원회 ···› 시인의 언덕 ···› 윤동주 문학관 ···› 보안여관

맛집

1) 체부동 주변 지역

- 위치: 자하문로 1길
- 맛집: 효자바베, 서촌계단집, 체부동 잔치집

2) 통인시장 주변

- 위치: 자하문로 9길, 자하문로 10길, 필운대로
- 맛집: 통인시장, 효자베이커리, 영화루, 이태리총각, 슬로우레시피, mk2

참고문헌

권문성, 2009, 경복궁 서측지구단위계획의 경우, 건축과 사회.

김유란, 2013, 서촌의 생활경관적 특성에 관한 연구, 서울시립대학교 대학원 석사학위논문.

김한배, 2007, 서울 서촌(西村) 역사문화탐방로 조성방안 연구: 인왕산록과 백운동천 수계(白雲洞川 水系) 지역을 중심으로, 한국조경학회지 35(3). 22-36.

남상덕 · 이주형, 2013, 서촌한옥 마을 조사에 따른 한옥지구 보전 개선방안 연구, 한국산학기술학회논문지 14(4), 2013-2020.

박슬기, 2012, 도시적 맥락에 대응하는 지속 가능한 건축제안: 서촌 한옥 마을 내 공방형 주거 계획, 한양대학교 대학원 석사학위논문

설재우, 2012, 서촌방향 과거와 현대가 공존하는 서울 최고의 동네, 이덴슬리벨.

손나경 · 김한배, 2010, 도시 전통 시장의 공공성 분석에 관한 연구 - 서울시 통인시장을 사례로, 한국경관학회지 2(2), 19.

오진숙, 2011, 서울 서촌의 역사문화경관자원의 가치 해석에 관한 연구, 서울시립대학교 대학원 석사학위논문.

윤진영, 2013, 조선후기 西村의 명소와 진경산수화의 재조명, 서울학연구 50, 69-107.

이미선, 2012, 지역이미지 정체성 보존지역의 환경색채 특성분석에 관한 연구: 종로구 옥인동 47번지를 중심으로 , 이화여자대학교 대학원 석사학위논문.

이진향, 2011, 서울 西村의 歷史文化景觀에 관한 硏究, 상명대학교 대학원 박사학위논문.

임정순, 2008, 전시활동 매개기능으로서의 대안 공간 연구, 중앙대학교 대학원 석사학위논문.

정다은, 2009, 도시디자인 이공적 커뮤니티 활성화에 미치는 영향 - 서울시도시갤러리프로젝트를 중심으로-, 홍익대학교 대학원 석사학위논문.

채수진, 2013, 지역의 시대별 정체성과 구성요소로서의 지역문화콘텐츠 연구: 서울 서촌지역을 중심으로, 건국대학교 대학원 석사학위논문.

채혜인, 2012, 문화유산 국제보존원칙의 역사도시경관 개념에 의거한 도시보존 방향-서울 서촌(西村)을 사례로 -, 서울대학교 대학원 석사학위논문.

최샛별 · 박소현, 2009, 서울 서촌(西村) 문화지구 적용 가능성에 관한 연구: 보스톤 문화지구와 역사지구의 특성 분석을 기반으로, 한국도시설계학회 춘계학술발표대회.

한정호, 2011, 지역성 기반의 도시재생 및 재개발 계획에 관한 연구: '서촌'지역을 중심으로, 연세학술논집 학술발표 자료.

인사동길/불법주차 과태료 부과
24시간 무인촬영
견인지역
인사동16길
Insadong 16-gil

인사동, 운현궁

서울 도심에서 즐기는 한국 전통문화

〈인사동 스캔들〉은 우리나라 최고의 궁중 화원이었던 안견의 그림 '벽안도'를 소재로 한 영화다. '벽안도'는 세조에게 쫓겨난 안평대군이 왕이 되기를 바란 안견의 꿈을 그린 것으로 창덕궁의 연못인 부용지를 담고 있다. 400년 전 사라진 이 그림은 60년 전 오원 장승업의 서책을 통해 그 존재가 알려졌다. 그런데 영화는 벽안도에 그려진 부용지나 창덕궁이 아닌 인사동을 무대로 하고 있다. 그 이유는 인사동의 역사지리적 배경에 있다. 인사동은 조선 시대 궁중의 그림 그리는 일을 관장한 도화원이 있던 곳으로 예로부터 우리 미술의 중심지였다. 이러한 역사가 지금까지 이어져 내려와 인사동 거리에는 우리 전통 미술 용품점과 골동품 상점, 갤러리 등이 즐비하다.

인사동은 우리 전통문화를 한껏 체험할 수 있는 공간이다. 북촌과 서촌이 인기를 얻으면서 인사동을 찾는 이들이 줄기는 했지만 '쌈지길', '골동품 거리', '서점 거리', '전통문화 거리' 등 다양한 거리가 조성되면서 다시금 사람들의 발길이 잦아지고 있다.

내국인은 물론이고 외국인 방문객도 많이 찾아와 거리는 언제나 북적거린다. 현재와 과거가 어우러진 분주한 거리를 천천히 즐기며 거닐어 본다면 지금까지 느끼지 못했던 인사동만의 매력을 찾게 될 것이다.

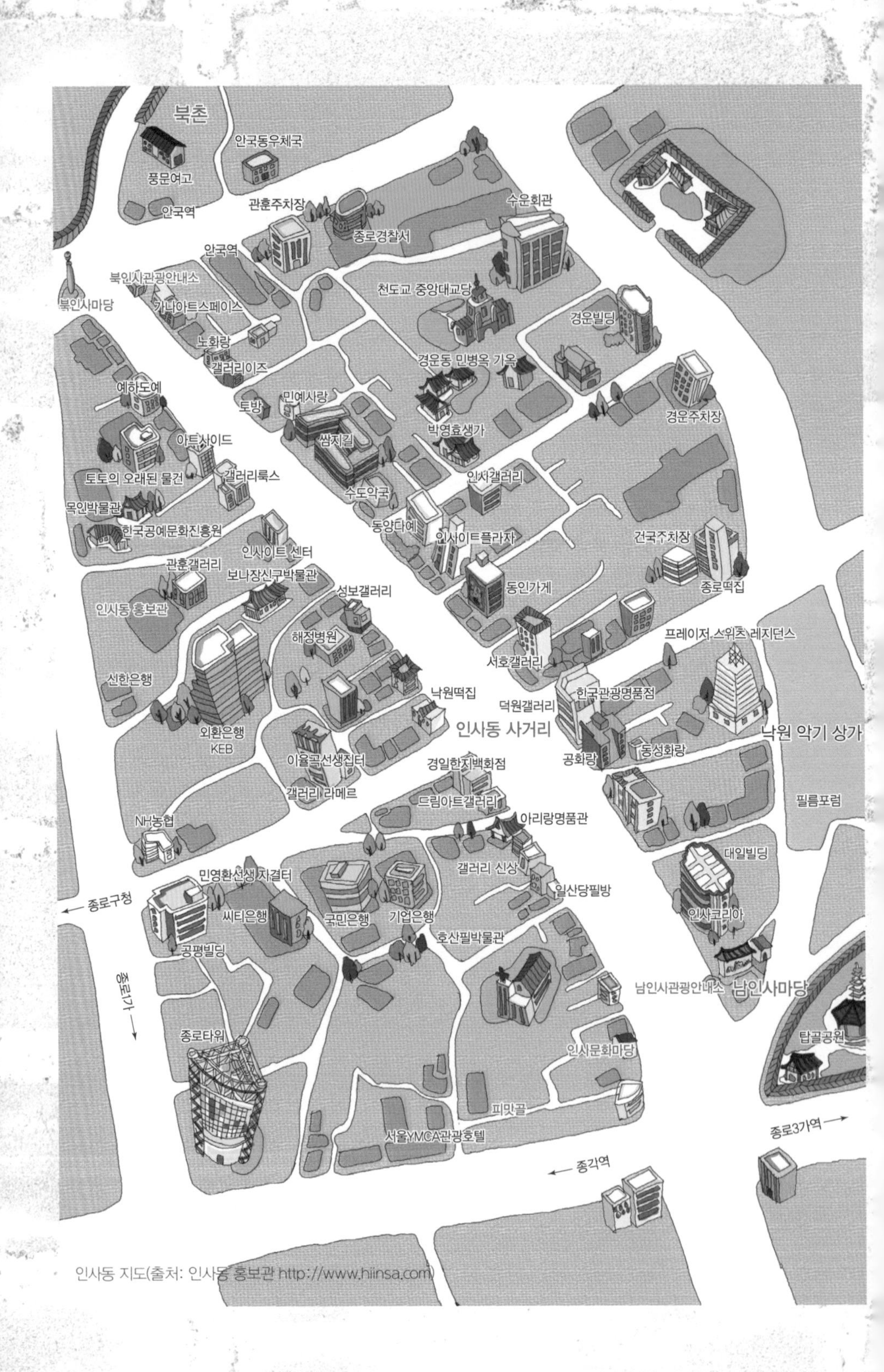

인사동 지도(출처: 인사동 홍보관 http://www.hiinsa.com)

–

한국 전통문화 거리, 인사동

–

관인방과 대사동이 합쳐진 인사동

보통 인사동이라고 불리는 공간은 인사동이라는 법정동이 아닌 인사동 문화의 거리를 의미한다. 즉, 안국동 사거리에서 종로2가로 이어지는 길로 인사동뿐만 아니라 관훈동, 경운동, 낙원동, 공평동, 견지동을 포함한다. 북쪽으로는 안국역이 있는 율곡로, 남쪽으로는 종각역이 있는 종로, 서쪽으로는 우정국로, 동쪽으로는 삼일대로가 그 공간적 범위다.

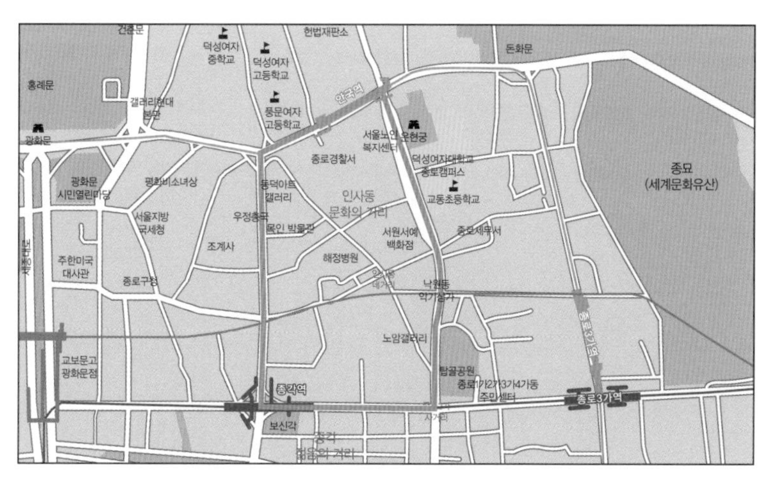

인사동 문화의 거리는 북쪽으로는 안국역이 있는 율곡로, 남쪽으로는 종각역이 있는 종로, 서쪽으로는 우정국로, 동쪽으로는 삼일대로 인이 그 공간적 범위다(출처: 네이버 지도).

인사동의 명칭은 조선 시대 한성부의 관인방(寬仁坊)과 대사동(大寺洞)에서 가운데 글자 인(仁)과 사(寺)를 따서 부른 것에서 유래한다. 조선 초기에 한성부 중부 관인방과 견평방(堅平坊)에 속하였다. 1894년(고종 31) 갑오개혁 당시 행정 구역 개편 때는 원동과 승동, 그리고 대사동과 이문동 등이 인사동에 포함되는 지역이었다.

일제 강점기인 1914년 행정 구역이 통폐합되면서 대사동, 이문동, 향정동, 수전동, 승동, 원동 등의 일부가 합쳐져 인사동이 되었다. 1936년에는 일본식 지명으로 바뀌어 인사정이 되었고, 1943년에는 구제가 실시되어 종로구 인사정이 되었다. 해방 후 1946년 인사정(町)에서 인사동(洞)으로 다시 바뀌어 지금의 인사동이 되었다. 현재 인사동은 법정동으로 행정동인 종로1·2·3·4가동의 관할에 있다.

서점 거리에서 전통문화 거리로

인사동이라는 이름이 만들어진 1914년 이후 이곳의 이미지는 '서점 거리'였다. 1900년대부터 출판사를 비롯한 서점들이 이곳에 자리 잡기 시작하였기 때문이다. 그중 하나가 '통문관'이라는 서점이었는데 현재는 이곳에 유일하게 남아 있는 서점이 되었다.

당시 인사동 서점은 도서만이 아니라 그림도 취급하였기 때문에 골동품과도 자연스레 연결되었다. 6·25전쟁 이전까지 이곳에는 동광당, 통문관, 삼중당, 일성당, 일심당, 문우당, 연구서림, 문예서림, 삼성당, 동양당 등이 있었다. 그러나 고서적에 대한 수요가 줄면서 이곳은 '병원 거리'로 새로운 옷을 입게 되었다. 지금은 병원도 많이 남아 있지 않지만 강내과 병원, 최외과 병원과 1928년에 개원한 신필호 산부인과, 강일형 이비인후과 병원, 이 내과 병원 등이 자리 잡고 있었다. 하지만 6·25전쟁으로 의사들이 납북되거나 폐업되면서 '병원 거리' 풍경도 금세 사라졌다.

그 후 인사동은 명동과 충무로의 지가 상승으로 쫓겨난 골동품상들이 유입되어 기존에 있던 고서점들과 어울리면서 '골동품 거리'로 변하였다. 이후 고서점은 수요가 감소해 골동품상들에게 흡수되었다. 이렇게 형성된 골동품 거리의 이미지는 지금 인사동을 '전통문화 거리'로 자리 잡게 한 이유 중의 하나가 되었다.

또한 인사동은 '정치 문화의 거리'로도 불렸다. 1950년대 말부터 제1야당인 민주당의 당사와 1980년대 민정당사가 이곳에 자리를 잡았기 때문이다. 이뿐만 아니라 주요 관공서와 기업도 들어서면서 고급 한정식집과 태화관 등 고급 유흥가도 함께 번성하게 되었다.

인사동의 또 다른 모습은 낙원 악기 상가가 만들고 있다. 구한말부터 1970년대까지 고급 유흥가였던 낙원-인사동에 악사들이 자주 드나들면서 악기점이 급증하였고, 그렇게 악기점들이 모여 악기 전문 상가로 자리를 잡게 된 것이라고 한다.

1970년대 들어서면서부터는 인사동에 화랑이 하나둘 들어서기 시작했다. 1970년 현대화랑, 1974년 문헌화랑, 1976년 경미화랑, 동산방화랑, 선화랑, 가나화랑 등이 자리 잡게 되었다. 이후 1980년대에는 필방, 전통 공예품, 전통차 등의 점포가 들어서면서 지금과 같은 모습이 거의 완성되었고 1988년 서울시에서 인사동을 '전통문화 거리'로 지정하였다.

골동품, 미술품 등 고가의 작품들이 거래되기도 하는 곳이다 보니 인사동에서는 불법 거래가 암암리에 자행되기도 하였다. 고미술품 수복 기술자들이 이곳에 터전을 삼았고 옛 작품이나 유명한 화가의 작품을 의뢰 받아 위작을 제작하여 암시장에서 진품으로 거래하는 일이 비일비재했다.

1990년대 들어오면서 이곳의 화랑은 조금씩 쇠락해 갔다. 인사동 북쪽의 북촌에 국제갤러리, 현대갤러리, 학고재, 아라리오 등의 갤러리와 미술관이 자리를 잡으면서 이 지역의 특성이 분산되었기 때문이다. 그러나 1997년 '차 없는 거리' 사업으로 걷는 거리 환경이 개선되고 2000년대 북촌의 인기가 더해 가면서 인사동도 다시 급부상하게 되었다. 이와 같이 인사동은 지속적으로 새 옷으로 갈아입으며 지금에 이른다.

Tip

수복형 재개발이 진행되는 인사동

인사동은 전통문화 매장과 갤러리뿐만 아니라 화장품 브랜드숍의 주요 거점 중 하나이기도 하다. 인사동은 해외 여행객들의 필수 관광지로서 화장품 업체로서는 많은 수익과 홍보 효과를 함께 얻을 수 있는 곳이기 때문이다. 하지만 앞으로는 이곳에서 화장품 매장을 볼 수 없게 되었다. 2013년 서울시는 제13차 도시계획위원회를 개최하여 인사동 161번지 일대 3만 3,072m^2를 69개 소단위 맞춤형으로 정비하는 '공평 도시환경정비구역 변경 지정(안)'을 가결하였다. 이 정비 계획으로 인해 인사동에 어울리지 않는 화장품 매장은 퇴출된다.

인사동 161번지 일대는 지금부터 약 35년 전인 1978년에 도심재정비구역으로 지정되었다. 그토록 오랫동안 재정비구역으로 지정되었음에도 불구하고 35년 동안이나 재개발이 진행되지 않았다. 그것은 인사동이 전통문화의 거리이며 이곳에 있는 승동교회가 문화재로 지정되어 개발을 막았기 때문이다.

개발이 진행될 지역은 승동교회 주변 공평 도시환경정비구역 내에 위치하고 있는 6개 지구다. 탑골공원과 낙원상가 인근 인사동 입구부터 시작하여 인사동 사거리까지 약 200m 구간이다. 난개발 표상으로 알려진 이 지역은 철거 재개발구역에 포함되어 대규모 개발 이외에는 개별 건축 행위를 할 수 없었다. 하지만 이번 변경 안으로 인해 69개의 중·소규모 택지로 나누어져 재개발이 가능해졌다. 또한 건폐율도 기존 60%에서 최대 80%까지 높이고, 기존 1~2층까지였던 건물 높이도 3층까지 올릴 수 있게 되었으며 화재 예방을 위한 소방차 진입로도 넓혔다.

서울시는 2013년 '서울특별시 문화지구 육성 및 지원에 관한 조례'를 개정하여 전통문화와 예술의 거리로서 인사동이 가진 상징성과 정취를 살리기 위해 골동품점, 표구점, 필방, 화랑 등을 권장한다. 화장품 매장과 노래방, 커피숍 등은 허가되지 않는다.

또한 인사동 남쪽 입구 지역인 80m 구간은 '수복형 공동개발지구'로 지정하였다. 도시 재개발은 기존의 지역을 유지하면서 필요한 부분만을 고쳐 나가는 보존 개발 방식이다. 이를 통해 이 지역은 2층 이하의 전통 한옥을 세워 상가로 활용할 예정이다.

-

남인사마당에서 북인사마당까지

-

인사동에서 관훈동까지, 700미터 거리

종각역 3번 출구로 나와 탑골공원 방향으로 200미터 정도 걸어가다 보면 금강제화 앞, 바로 종로 2가 사거리다. 여기서 왼쪽으로 방향을 틀면 낙원상가로 가는 길인 삼일대로로 이어진다. 넓은 차도와 달리 인도는 두세 명이 겨우 지나갈 정도로 비좁다. 한 20미터 오르다 왼쪽으로 돌면 인파로 가득 찬 길로 이어진다. 이 길이 인사동의 중심 거리인 '전통문화 거리'다.

이 길에 들어서자마자 왼쪽으로는 인사동 전통문화 축제를 비롯하여 다양한 행사가 진행되는 남인사마당이다. 오른편으로는 낡은 6층 정도 건물에 ○○철학원, ××필방사, 시서화, 환전소 등 색다른 상호들이 호기심을 자극한다. 그 옆으로 노암갤러리와 한국관광명품점 등이 이어진다.

대부분 2~3층의 저층 건물들로 연속되는데, 리모델링을 하거나 재건축을 하여 하나같이 새 옷을 입은 것처럼 깨끗하게 정돈되어 있다. 반면 서양식 이름을 간판에 내건 화장품 점포와 대형 프랜차이즈 커피숍 등이 거리의 매력을 떨어뜨린다. 기업체 입장에서는 외국 관광객들이 많은 이곳에 입점하는 것이 수익과 홍보 효과 측면에서 좋겠지만 전통문화 거리의 이미지와는 전혀 어울리지 않는 모습이다. 그림 속 풍경이라면 지워 버리고 싶

20대 젊은이들부터 중장년층까지 인파로 가득 찬 인사동

은 마음이다. 그나마 다행인 점은 외국어 이름의 간판들을 한글로 만들었다는 점이다.

인사동 길은 인사동에서 관훈동까지 이어지는 대략 700미터의 구간이다. 필방과 화방, 갤러리, 떡집 등을 구경하면서 걷다 보니 어느덧 인사동 사거리에 도착하게 된다. 인사동에서는 사거리라고 쓰지 않고 '네거리'라고 하니 '인사동 네거리'라고 해야 할 것 같다. 우측으로 인사 4길, 좌측으로는 인사 5길이다. 인사동 전통문화 거리를 삼등분할 때 첫 번째 코스라고 할 수 있다. 크게 특징적인 거리는 아니지만, 아래쪽은 차도와 인도가 넓은 반면 위쪽은 골목길이 협소하다는 특징이 있다. 이 길에 들어서면 한여름 무더위와 한겨울 추위에도 아랑곳하지 않고 이곳을 찾은 20대 젊은이들부터 중장년층까지 넘쳐나는 인파로 가득하다. 그런데 가만히 보면 삼보당 호떡을 맛보기 위해 찾아온 방문객들이 절반은 차지하고 있는 것 같다. 골동품 가게인 삼보당 간판과는 어울리지 않게 앞쪽에서는 찰옥수수

호떡을 판매하고 있다. 인사동 명물로 소문난 이 가게는 내국인이나 외국인 모두 호떡 하나를 먹기 위해 30분 이상 줄을 서서 기다리는 것은 당연한 일이 되어 버렸을 정도로 인기다. 그래도 간판은 이곳의 역사를 말해 준다. 30년간 고미술품을 취급했다는 삼보당은 금융 실명제와 외환 위기로 인해 문을 닫고 호떡 장사를 시작했다. 지금은 워낙 소문이 나서 일본에서 이것을 먹기 위해 직접 비행기를 타고 찾아오는 미식가들까지도 생겼다. 호떡으로 돈을 많이 벌었지만 골동품을 판매하던 시절을 잊지 못해 옛 간판을 그대로 남겨 두고 있다.

공예관, 지업사, 화랑 등으로 이어지는 거리에 가끔씩 인도 풍 카페 등이 거리에 어울리지 않는 모습이 섞여 있는 것을 보면 아니러니하기도 하고 안타깝기도 하다.

두 번째 코스 중간에 있는 통인가게는 우리나라의 고미술품과 골동품을 전문적으로 취급하는 곳이다. 1961년 인사동으로 옮겨 왔고, 현재는 고미술품, 고가구, 도자기, 죽공예품 등과 함께 생활용품을 판매하고 있다.

인사동 네거리 앞 삼보당

통인가게

필방, 개량형 한복집, 지업사, 화랑, 공예관 등이 이어지는 거리

쌈지길에서 북인사마당까지

통인가게를 지나 약 10미터 정도를 오르면 다시 길이 넓어진다. 길 양쪽으로는 인사 9길과 인사 10길의 작은 골목이 이어진다. 이곳이 바로 인사 전통문화 거리 중 세 번째 코스인 쌈지길이다. 이곳부터는 가로수들도 크고 도로와 인도 폭도 모두 넓다. 쌈지길 안에는 또 다른 쌈지길이 있다. 이 건물의 이름에서 따온 것이다. 20~30대 젊은 여성들이 쇼핑을 하고, 연인들은 데이트를 즐긴다. 거리에서는 연일 다채로운 공연이 펼쳐진다. 우리나라 전통 악기 연주는 드물게 진행되는 반면에 바이올린이나 기타를 연주하는 외국인들의 모습을 더 흔히 볼 수 있다. 외국인이 연주하는 풍경이 인사동과 어우러지지 않아 어색함마저 감돈다. 하지만 이렇게 전통적인 것과

다양한 공연이
펼쳐지는 거리

이국적인 것이 공존하는 풍경을 볼 수 있는 것 또한 인사동에서만 가능한 일이라는 생각을 해 본다.

지나가던 몇몇 방문객이 발걸음을 멈추고 이방인의 연주를 감상한다. 한 곡이 끝나면 주위에서는 박수 소리가 들리고 지폐 한 장을 꺼내 바이올린 케이스에 놓으며 공연에 답례를 한다.

한국의 전통문화와 거리 공연을 함께 볼 수 있는 인사동의 풍경에 설레었던 기분이 아직도 가시지 않는다. 어느덧 인사동 거리의 끝, 북촌으로 이어지는 북인사마당에 도착한다.

인사동 전통문화 거리의 이색 명소, 쌈지길

복합문화공간으로 탄생한 쌈지길

학고재화랑과 수도약국 사이에 자리 잡은 쌈지길은 인사동 전통문화 거리의 핫플레이스로 손꼽힌다. 이 길은 1990년대만 해도 아원공방, 농서표구 등 12개의 전통 상점들이 입점하고 있던 거리였다. 2001년 쌈지패션이라는 기업이 이곳의 땅을 매입하여 2004년 1200평에 달하는 복합문화공간 '쌈지길'을 만들었다. 다양한 문화를 즐기면서 쇼핑도 할 수 있는 공간이다.

쌈지길의 상징인 'ㅆ' 간판이 입구에서부터 시선을 사로잡는다.

'ㅁ' 자 구조로 가운데가 비어 열린 공간을 만들어 낸다.

인사동에서 전통과 현대가 만나서 공존하는 공간이 바로 쌈지길이다. 독특한 외관 및 내부 구조, 다채로운 상품 및 행사로 내국인과 외국인 방문객의 발길이 끊이지 않는다. 2013년 3·1절에는 '쌈지길 아리랑' 플래시몹이 펼쳐졌는데 이 공연의 동영상 조회 수가 61만을 기록했을 정도로 온라인 상에서 큰 화제가 되기도 했다.

사실 '쌈지길'은 강서구 공항동에 있는 2차선 도로의 이름이기도 한데 인사동에서 더 유명해진 것이다. 다만 인사동에서는 길이 아니라 건물 이름이 쌈지길이다. 그래서 쌈지길을 처음 찾는 방문객들은 거리를 헷갈리기도 한다. 쌈지라는 말은 '주머니'를 뜻하는 순우리말이고, 이 건물에 들어서면 왜 '길'이라는 이름을 붙였는지 자연스레 알게 된다. 그 이유는 건물이지만 길과도 같은 구조에 있다. 'ㅁ' 자 구조로 가운데가 비어 있는 열린 공간을 만들어 냈다. 나선형으로 빙빙 둘러싼 길을 따라서 계단을 하나도 밟지 않고 옥상까지 올라갈 수 있는 흥미로운 건축 구조다. 그 길을 따라서 5평 남짓한 점포들이 이어진다. 한 층 한 층 돌아가면서 다양한 상품들을 보는 재미가 쏠쏠하다. 패션숍만이 아니라 공방, 갤러리, 공예품점, 음식점 등 젊은이들의 취향을 겨냥한 다양한 점포들이 자리 잡고 있다.

첫걸음길부터 하늘정원까지

쌈지길은 4층 건물로 1층부터 차례로 첫걸음길, 두오름길, 세오름길, 네오름길이라고 한다. 지하는 아랫길, 아랫길2로 나뉜다.

1층인 '첫걸음길'에 들어서면 한가운데 자리 잡은 '가운데마당'이 시선을 끈다. 이 마당에서는 매번 다채로운 공연이 진행된다. 벼룩시장이 열릴 때

눈이 쌓인 하늘정원에 세워진 사슴 조형물이 정원의 운치를 더한다.

도 있고, 문화 공연이 진행될 때도 있다. 그 주변으로는 젊은 감각을 보여 주는 디자이너들의 작품을 전시하고 판매하는 상점들이 들어서 있다. 생활 도자기나 금속공예품을 판매하는 상점, 표구점, 화랑 등 인사동의 전통문화를 보여 주고 함께 체험도 할 수 있는 공간이다.

쌈지길의 한 층을 올라가는 데는 5분도 채 걸리지 않는다. 하지만 하나하나 보고 가는 데는 시간이 제법 걸린다. 몇몇 상점만을 보면서 걸었는데도 2층 '두오름길'에 도착하니 30여 분이 지났다. 두오름길에는 전통작가 공예상품과 먹거리가 있다. 전통 찻집에 들러 차 한 잔을 마신 뒤 도예가들이 작은 갤러리처럼 만들어 놓은 공예 상점에도 들러 본다. 직접 구입하기에는 그 가격이 만만치 않기에 눈요기를 하는 것으로 만족한다.

3층 '세오름길'은 패션과 의류 및 잡화 상점 등으로 구성되어 쇼핑의 즐거움을 느끼기에 좋은 길이다. 4층 '네오름길'은 패션, 잡화, 찻집 등으로

사랑의 담장은 연인들이 자신들의 사랑 이야기를 담는 곳으로 하늘공원에서 최고의 명소다.

구성되어 있다. 네오름길의 백미는 건물 옥상에 있는 하늘정원이다. 하늘정원에서 나선형으로 둘러싼 길이 한눈에 들어와 사진으로 담아 본다.

하늘정원에 있는 '사랑의 담장'은 연인들이 자신들의 사랑 이야기를 담는 곳으로 인기 명소다. 한쪽에는 사람들이 모여 있다. 간판을 보니 '또옹데리아'다. 또옹데리아에서는 하늘정원에서만 맛볼 수 있는 '똥빵'을 판매한다. 그 모양을 보면 처음에는 차마 입으로 가져가기 어렵지만 한 입 베어 문 후 그 달달한 맛을 보고 나면 금세 똥빵에 빠져들고 만다.

하늘정원까지 보고 나서는 계단길을 이용해 내려온다. 계단길은 올라온 경사로와는 또 다른 풍경과 기분을 느끼게 하고 왔던 곳을 되돌아가지 않아도 된다. 벽면이 낙서로 가득 차 있지만 이곳에서는 낙서가 하나둘 모여 이야기가 되고, 작은 작품이 된다. 어떤 이야기를 이 계단 벽에 남길지 고민하고는 작은 소망을 담아 글을 남긴다.

경인미술관에서 천도교 중앙대교당까지

미술랭 가이드에 소개된 경인미술관 전통 다원

미슐랭 가이드(Michelin Guide) 한국편에 우리나라의 전통 다원으로 소개된 경인미술관은 오래전부터 인사동의 문화 산책 명소로 알려진 곳이다. 봄가을에는 정원에서 야외 콘서트가 열리고, 작가와 관객이 소통하는 만남의 장이 펼쳐진다. 입구에 들어서면 한옥 전통의 툇마루와 정원이 옛 풍

경인미술관 전경

경에 운치를 더한다. 조용히 다원에서 차 한 잔 마시며 미술관 산책을 즐길 수 있는 인사동의 섬과 같은 공간이다.

인사동 10길에서 한옥 건물 사이의 좁은 골목길로 들어가면 자리 잡고 있다. 이 작은 골목길에 무엇이 있을까? 아담한 정원은 장독대, 맷돌, 석탑과 다양한 조각품들로 채워져 있다. 작은 정원에 이 모든 것이 놓여 있다 보니 조금 어수선해 보이기도 하지만 아기자기한 멋이 난다.

이곳은 개화파의 대표적인 인물이었던 박영효의 고택이었다. 미술관 건물은 사랑채로 사용했던 건축물이며 2000여 평에 이르던 본채는 갑신정변 당시 불에 타 없어졌다. 이후 군부대신을 지낸 이용익, 해방 후에는 당대 부호였던 김갑순을 거쳐 이진승이 살았고, 산업은행 사택으로 사용되다가 1983년 문화 사업가였던 이금홍이 매입해 자신의 호를 단 경인미술관으로 탈바꿈시켰다.

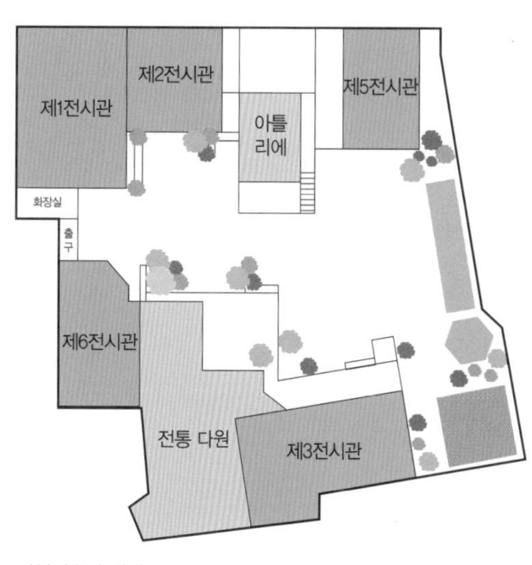

경인미술관 배치도

원래 가옥은 안채, 사랑채, 별당채, 대문간채, 행랑채 등으로 이뤄졌으나 안채만 남아 있던 것을 1996년 남산골 한옥 마을로 옮기면서 사랑채와 별당채를 복원했다. 1650제곱미터의 면적에 여러 개의 전시관과 아틀리에를 두었고, 야외 전시장과 전통 찻집(다원)도 자리 잡고 있다. 제1전시관은 330제곱미터의 규모로

전통 한옥과 장독대, 현대적 조각품들이 조화를 이루는 경인미술관 정원

2000년 리노베이션으로 재탄생하였다. 제2전시관은 2층 건물로 한국 최초의 자연 채광을 이용한 유리 전시관이다. 이 전시관도 2005년 새롭게 리노베이션되었다. 제3전시관은 한옥 전시실로 옛 한옥 건물은 남산골 한옥 마을에 기증하였다. 아틀리에는 2004년에 새롭게 단장하였고, 제5전시관은 2008년, 제6전시관은 2011년 문을 열었다.

경인미술관은 설립자의 뜻에 따라 모두에게 열린 벽 없는 전시관을 지향한다. 어떤 주제든 전시가 가능한 미술관이다.

Tip

박영효와 태극기

박영효(1861~1939)는 조선 말기 급진 개화파의 주요 정치인으로 자는 자순(子純), 호는 현현거사(玄玄居士), 본관은 반남이다. 노론의 실력자인 박원양의 아들로 수원에서 태어난 박영효는 1872년 음력 4월 선왕 철종의 딸 영혜옹주와 혼인하였으나 3개월 만에 사별하고, 금릉위(錦陵尉)에 책봉되었다. 1870년대 중반, 형 박영교를 따라 박규수의 사랑방에 드나들면서 개화사상을 익히기 시작한 박영효는 유대치를 중심으로 김옥균, 홍영식, 서광범 등 개화당 요인들과 결속, 정치적 혁신을 부르짖고 일본 세력을 이용하여 청나라의 간섭과 러시아의 침투를 억제하고자 했으며, 이들 개화파가 청나라에 바치던 조공과 문벌 제도의 폐지 등, 정치 개혁을 시도했다는 점을 들어 근대화의 선각자로 평가하기도 한다. 그러나 경술국치 이후 박영효는 조선총독부의 회유와 타협에 응하여 중추원 고문과 귀족원 의원을 지냈으며, 조선총독부 산하 조선사 편수회의 고문을 지내는 등 친일 행각의 과거가 있기도 하다.

1882년 8월 9일 특명전권대사 겸 수신사인 박영효 등 일행이 인천에서 일본으로 건너갈 때, 태극사괘(太極四卦)의 도안이 그려진 기를 국기로 할 것에 의견을 모아 선상에서 이것을 만들었다고 전해진다. 이는 도일(渡日) 하기 전에 이미 조정에서 논의되어 어느 정도 찬성을 본 것을 다소 수정한 것이며 태극기의 효시이다.

태극기는 흰색 바탕에 기연 중앙에는 적색과 청색의 태극이 도안되어 있고, 사방 모서리의 대각선 상에는 건(乾)·곤(坤)·이(離)·감(坎)의 사괘가 검은색으로 그려져 있다. 태극은 우주 자연의 궁극적인 생성 원리를 상징하며, 빨간색은 존귀와 양(陽)을 의미하고, 파란색은 희망과 음(陰)을 의미하는 창조적인 우주관을 담고 있다. 사괘의 건은 천(天)·춘(春)·동(東)·인(仁), 곤은 지(地)·하(夏)·서(西)·의(義), 이는 일(日)·추(秋)·남(南)·예(禮), 감은 월(月)·동(冬)·북(北)·지(智)를 뜻한다. 이와 같이 만들어진 태극기는 그후 널리 보급되었으나 도형의 통일성이 없어서 사괘와 태극양의(太極兩儀)의 위치를 혼동하여 사용해 오다가 1948년 정부 수립을 계기로 국기의 도안과 규격이 통일되었고, 문교부 고시 제2호(1949. 10. 15) 및 문교부 개정고시 제3호(1966. 4. 25)에 의거하여 '국기 게양의 방법'이 공포·시행되고 있다.

(출처: 경인미술관 홈페이지)

천도교의 총본산 서울 천도교 중앙대교당

인사동 10길을 따라 운현궁 가는 길 끝에서 삼일대로를 따라 100미터 정도 걷다 보면 천도교라는 간판을 단 고층 빌딩 하나가 자리 잡고 있다. 주변이 대부분 낮은 건물이라서 그런지 그 위용이 더욱 크게 다가온다. 이곳이 바로 천도교 수운회관이다. 기업으로 치면 본사 정도로, 천도교와 관련된 사무를 총괄하는 곳이다.

천도교 수운회관

천도교는 1860년 수운 최제우에 의해 창시된 동학에 그 뿌리를 두고 있는 종교다. 동학의 제3대 교주인 손병희는 1904년 이용구가 일진회와 함께 친일 행위를 하자, 이에 반기를 들고 1905년 천도교로 개칭하였다. 천도교는 을사조약 이후 독립운동을 전개하였고, 특히 3·1운동에서 중추적인 역할을 담당하였다.

수운회관 옆으로 세워진 건물이 천도교의 총본산인 서울 천도교 중앙대교당이다. 붉은 벽돌과 유럽식의 건축 양식으로 가톨릭 성당처럼 보이기도 한다. 300만 명에 달하는 신도들이 한 가구당 10원씩 모아 총 22만 원이라는, 당시로서는 큰돈을 들여서 세운 성전이다. 원래 계획은 이보다 더 큰 성전을 건축하는 것이었지만 지나치게 크다는 이유로 조선총독부가 건축을 막아 현재와 같은 규모로 축소되었다. 당시 숙명여고와 조선상고회의소 건물을 설계한 나카무라 요시헤이(中村與資平)가 설계를, 중국인 장시영(張時英)이 시공을 맡았다. 이 건물은 1918년 공사를 진행하여 1921년에 완공되었다. 당시에는 명동성당, 조선총독부와 함께 서울의 3대 건축물로 손꼽혔다.

서울특별시 유형문화재 제36호로 지정된 건축물의 정면에서 보면 출입구는 반원형 아치로 고딕 양식의 성당 출입구와 비슷하고, 좌우 대칭이며, 종탑 지붕은 바로크 형식, 강당은 맞배지붕 형식이다. 내부는 기둥이 없고 하얀색으로 칠해져 있어 꽤나 넓어 보인다. 한민족을 상징하는 박달나무

천도교의 총본산인 서울 천도교 중앙대교당과 천도교 성당 내부

꽃과 무궁화 문양만이 장식되어 있을 뿐이다.

현재 천도교는 기독교나 다른 종교에 비해 잘 알려지지 않아 낯설다. 하지만 천도교의 역사를 제대로 알고 나면 그 가치를 재평가하게 된다. 일제 강점기 항일 운동의 중심이었고, 천도교의 신도였던 방정환이 어린이 운동을 전개해 나가기도 했다.

방정환과 어린이 운동

아동 문학가이면서 '어린이'라는 존칭어를 처음 사용한 '소파 방정환', 무엇보다 그는 어린이 날을 제정한 인물이다. 그렇다면 이곳 천교도 중앙대교당 앞에 그의 업적을 기린 기념탑이 세워진 이유는 무엇일까? 그것은 방정환이 천도교의 3대 교주 손병희의 사위였으며 이곳에서 세계 어린이 운동을 주도했기 때문이다.

방정환은 1917년 손병희의 딸 손용화와 결혼한 후 청년운동단체인 '청년구락부'를 조직해 활동하였다. 1918년에는 보성전문학교에 입학하였고, 1919년 3·1운동 시기 독립선언문을 배포하다가 체포되어 고문을 받았다. 1920년 일본 도쿄대 철학과에 입학하였고, 아동 예술과 심리를 연구하면서 1921년 '천도교소년회'를 조직해 소년 운동을 전개해 나갔다.

그는 암울했던 시기 미래 사회의 주역이 될 어린이들에게 민족 의식을 고취시키기 위해 5월 1일을 어린이 날로 제정하였다. 하지만 노동절과 겹쳐 일요일에 행사를 진행하다가 일본의 단압으로 중단되었다. 광복 후 1961년 '아동복지법'에 의해 5월 5일이 어린이 날로 지정되었다.

"나라와 민족의 장래를 위하여 어린이에게 10년을 투자해라"라는 말을 남긴 방정환은 세계 최초로 어린이 날을 제정하여 어린이인권선언을 하는 등 어린이 운동의 선구자였다.

인사동이 그 빛을 잃어 가다. 하지만…

지금 인사동은 잦은 변화 속에서 조금씩 그 그늘이 드러나고 있다. 전통을 되찾겠다는 노력은 하고 있지만 과거의 명성을 제대로 찾지 못하고 싸구려 관광지로 전락해 가고 있기 때문이다. 우리의 전통을 잃은 채 저가의 중국 제품들을 들여와 우리 전통의 가치를 훼손시키고 있다. 2002년 인사동 문화지구 지정 이후 오히려 인사동의 상업화가 급진전되면서 거리 중심에 자리 잡고 있던 화랑들은 구석으로 쫓겨나기 시작하였다. 중심 거리의 권리금은 3억~4억 원에 달해 소규모 화랑이나 고미술 화랑과 필방, 표구점 들이 감당하기에는 부담스럽다. 인사동의 화랑을 찾았던 애호가들은 예전의 모습을 잃어 가는 것에 대해 상심이 큰 모양새다. 화랑인들과 애호가들이 함께 모임을 만들어 인사동을 살리려고 애써 봤지만 상업 자본을 이기기에는 미력했다. 상업 자본에 의해 전통문화 거리는 대형 프랜차이즈 카페와 화장품 점포들로 풍경이 바뀌고 말았다. 우리 전통 찻집은 온데간데없고 스타벅스 같은 프랜차이즈 카페로 방문객들이 붐벼 아쉬움이 남는다. 그나마 다행인 것은 여러 가지 규제를 통해 인사동만의 모습을 살리려고 노력하고 있다는 점이다. 아직은 그 성과가 미미하지만 이러한 노력들이 차근차근 진행된다면 옛 인사동 거리의 모습을 회복할 것으로 기대해 본다.

—

흥선대원군과 고종의 거처였던 운현궁

—

흥선대원군의 사저에서 궁궐로

궁궐이 아니었던 곳, 하지만 궁궐로 바뀐 곳, 궁궐보다 더 큰 힘을 가지고 있던 곳, 그곳은 운현궁이다. '운현궁'의 운현(雲峴)은 관상감의 전 이름인 서운관(書雲觀) 앞의 고개라는 뜻으로 이 궁이 위치한 지명이다. 운현궁은 흥선대원군의 사저로 고종이 12세까지 성장한 곳이다. 고종이 즉위하면서 '궁'이라는 이름을 받게 되고 이후 규모는 계속 확장되어 담장 둘레가 수 리에 달했을 정도다. 고종이 머물던 창덕궁과의 왕래를 쉽게 하기 위해 운현궁과 이어지는 흥선대원군의 전용문도 있었다. 그러나 고종이 살았던 집을 지금은 찾아볼 수가 없다. 1966년에 집이 헐리고 그 자리에 중앙문화센터가 세워졌기 때문이다.

고종의 아버지 흥선대원군의 본명은 이하응이다. 대원군은 왕의 아버지를 말한다. 조선 시대 대원군은 선조의 아버지 덕흥대원군, 인조의 아버지 정원대원군, 철종의 아버지 전계대원군, 고종의 아버지 흥선대원군 등 네 명이었다. 그리고 왕의 아버지로 왕이 즉위할 때 살아 있었던 사람은 흥선대원군, 즉 이하응이 유일하다. 그는 원래 인조의 직계 후손이었다. 하지만 아버지가 정조의 이복동생인 은신군의 양자가 되면서 영조의 후손이 되었다. 철종이 대를 이을 자식을 두지 못하고 죽자 신정왕후는 흥선군의 아들을 왕으로 책봉하였다.

흥선대원군은 세도 정치를 막고 부정부패를 척결하고 인재를 등용하였다. 오랫동안 지속된 붕당 간 갈등과 국가 재정 파탄의 원인 중 하나인 서원을 47개만을 남기고 모두 철폐하였다. 비변사를 폐지하고 양반에게도 세금을 징수하였고, 사창 제도를 실시하여 지방 관리의 부정을 막고 민생을 안정시켰다. 고종을 앞세워 10년 동안 섭정했던 흥선대원군, 그가 살았던 운현궁을 보면 무소불위의 권력을 자랑했던 그의 힘보다는 구한말 외세와 일제의 압박 속에서 점점 나약해져 갈 수밖에 없었던 비극이 떠오른다.

흥선대원군의 거처였던 노안당

운현궁은 격식이나 규모로 볼 때 궁실의 내전 건물에 조금 더 가깝다. 대표적인 건축물로는 노안당(老安堂), 노락당(老樂堂), 이로당(二老堂), 수직사

운현궁 배치도

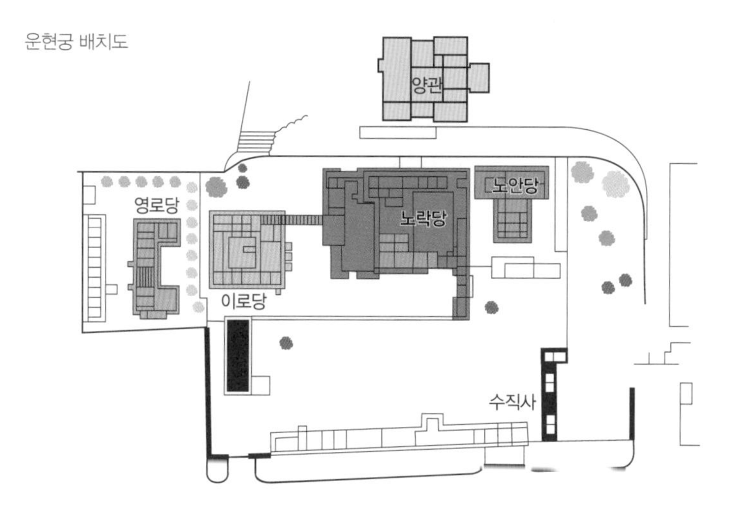

▲ 운현궁의 경비와 관리를 담당했던 수직사

▼ 흥선대원군의 거처였던 노안당

(守直舍) 등이 있다. 먼저 운현궁 정문을 따라 들어가면 오른편에 행각인 수직사가 위치한다. 수직사란 운현궁의 경비와 관리 업무를 맡은 이들이 거처했던 곳이다. 수직사 건너편 솟을대문을 지나면 사랑채인 노안당이다. 정면 6칸, 측면 3칸에 누마루인 영화루(迎和樓)가 이어지는 건물로 대원군이 별세하기 전까지 섭정을 하며 기거했던 공간이다. 사랑채인 노안당은

영화루

"노인들을 편안하게 하여 준다(老者安之)"에서 유래된 이름이다. 그 편액은 대원군의 스승이었던 추사 김정희의 글씨를 집자해서 만든 것이다. 중요무형문화재로 지정된 후 편액은 서울역사박물관에서 보관하고 있으며, 여기에 있는 것은 모각되어 게시된 것이다.

노안당에서 의미하는 노인은 고종의 친부인 흥선대원군을 뜻한다. 여기서 섭정을 펼쳤던 흥선대원군의 위세는 1873년 고종이 친정을 선언하면서 떨어지게 되었다. 솟을대문의 자물쇠가 바깥쪽에 있던 이유가 바로 그의 힘을 떨어뜨리기 위함이었다.

운현궁의 안채, 노락당과 이로당

노안당의 서북쪽 중문으로 들어가면 운현궁의 중심 건물인 노락당이 나온다. 정면 10칸, 측면 3칸이 'ㅁ'자형 건축물이다. 노락당기(老樂堂記)에

고종과 명성황후가 가례를 올렸던 노락당

운현궁의 안채로 쓰였던 이로당

'노락당과 하늘 사이가 한 자 다섯 치밖에 안 된다'라는 내용이 있어 당시에 규모가 꽤나 컸음을 짐작할 수 있다. 노락당은 주요 가례와 행사가 열렸던 장소로, 1866년 고종과 명성황후의 가례도 이곳에서 열렸다.

그 안쪽으로 더 들어가면 노락당과 함께 안채로 쓰였던 정면 7칸, 측면 7칸의 폐쇄적인 'ㅁ'자형 구조인 이로당이 있다. 이곳은 대원군의 부인이자 고종의 어머니인 민씨가 살았던 건물이다. 이로당 앞마당에는 우물처럼 만들어진 직사각형의 수조가 있다. 전서체로 쓰인 운하연지(雲下硯池)는 '구름 아래 벼루 못'을 의미한다. 벼루를 형상화한 것이기도 하지만 궁궐에 화재가 났을 때를 대비해 물을 담아 놓는 드므(넓적하게 생긴 독)와 같은 역할을 하였다.

직사각형의 벼루, 운하연지(雲下硯池)

Tip

오감 만족 스토리텔러

최근 국내 여행을 하는 내국인과 외국인이 늘어나면서 인트라바운드·인바운드 여행 같은 신조어까지 생겼다. 이렇게 국내 관광이 활성화된 요인 중 하나로 손꼽는 것이 문화관광해설사의 등장이다. 해당 지역에 대한 폭넓은 지식을 가지고 있는 이들은 관광객 눈높이에 맞춰 해설을 진행하여 오감을 만족시켜 주고 있다. 최근에는 외국 관광객들이 많이 늘면서 어학 능력을 갖춘 해설사까지 등장하고 있다.

우리나라에 문화관광해설사 제도가 도입된 것은 2001년. '2002년 한·일 월드컵' 등 국가적 대형 행사를 앞두고 문화체육관광부가 우리 문화유산을 알리기 위해 처음으로 프로그램을 만든 것이다. 이후 다양한 부분에서 해설의 영역이 넓어지면서 2005년 문화관광해설사로 이름이 바뀌게 되었다.

우리나라의 문화관광해설사 중 현재 전국 지방자치단체에서 활동하고 있는 해설사는 약 2800여 명이다. 해설사가 되기 위해서는 교육 시간 100시간을 이수하고 3개월 수습 기간을 거친다. 과거에는 봉사직이었지만 최근에는 대부분 보수를 받고 있다. 이들의 만족도는 높아 해설사 지망생도 많아지고 있다.

사실 문화관광해설사는 전문성 부족이라는 내재적인 문제를 안고 있다. 자원봉사직으로 시작한 이 분야는 초기에는 능력을 갖춘 사람보다는 신청자들 위주로 선발하는 방식이있다. 또한 100시간 정도의 교육으로 해당 지역에 대한 전문성을 키우기에는 역부족이다. 가장 큰 문제 중의 하나가 관광객이 사전에 어느 정도 자발적으로 조사한 내용을 해설사에게 질문하면 답변을 하지 못하는 경우가 많다는 것이다. 또한 역사와 설화에 대한 이야기만을 전달하는 방식으로 일관되어 사회과학, 자연과학 분야에 대한 설명이 이루어지지 않는 것도 불만을 야기했다. 따라서 문화관광해설사에 대한 처우 개선, 전문성 향상, 기존 해설사들의 평가가 새롭게 진행되고, 새로운 해설사를 양성하는 시스템이 구축되어야 한다.

문화관광해설사는 지역, 역사, 음식과 생활 방식 등의 문화, 건축, 생태, 과학 등 해당 지역을 종합적으로 정리하고 이야기할 수 있는 능력을 갖추어야 한다. 즉, 각 지역의 인문 환경과 자연환경을 종합하고 융합하는 학문인 지리학적 능력과 이러한 내용을 재구성하여 흥미롭게 전개해 나갈 수 있는 스토리텔러의 역량을 갖추어야만 한다. 이러한 두 가지 능력을 갖춘 전문가를 육성하기 위한 문화관광해설사 교육 또한 필요하다. 이런 교육이 진행될 때 해설사들은 관광객의 오감을 만족시킬 이야기를 전달할 수 있게 된다.

도시 산책 플러스

교통편

1) 승용차 및 관광버스
- 승용차: 인사동노외공영주차장, 태화관 앞 노상공영주차장, 낙원민영주차장
- 관광버스: 종로 2가 사거리, 안국역 앞

2) 대중교통
- 지하철: 1호선 종각역 ③ 출구 귀금속 상가 방향, 1,3,5호선 종로 3가역 ① 출구 탑골공원 방향, 3호선 안국역 ④⑤⑥ 출구 인사동 방향
- 버스: 마을버스(종로01, 종로02), 일반(111), 간선(101, 143, 201, 262), 직행(1005-1, 5500, 9000, 9301)

플러스 명소

▲교동초등학교
1894년 9월 18일 관립교동왕실학교로 개교한 한국 최초의 근대식 초등 교육기관

▲ 조계사
대한불교 조계종 직할교구의 총본산으로 한국 불교의 중심지. 1910년 한용운, 이회광 등이 각황사(覺皇寺)라 부른 데서 유래

산책 코스

◎ 남인사마당 ⋯› 통인가게 ⋯› 명신당필방 ⋯› 낙원 악기 상가 ⋯› 쌈지길 ⋯› 경인미술관 ⋯› 민가다헌 ⋯› 천도교 중앙대교당 ⋯› 운현궁

◎ 북인사마당 ⋯› 쌈지길 ⋯› 경인미술관 ⋯› 낙원 악기 상가 ⋯› 남인사마당 ⋯› 탑골공원

맛집

1) 남인사마당-인사동 네거리 주변
- 위치: 인사동길, 인사동 3길
- 맛집: 시화담, 족발마심, 천둥소리, 떡싸롱, 양반댁, 강남면옥, 나무, 삼보당 호떡

2) 종각역 귀금속 거리 주변
- 위치: 종로 11길, 인사동 3길
- 맛집; 청진식당, 심해집, 해몽

3) 쌈지길 주변
- 위치: 인사동길
- 맛집:인사면옥, 안다미로, 풍류사랑, 인사동 수제비, 아빠 어렸을 적에, 민가다헌

참고문헌

강성원, 2006, 문화지구 지정효과 분석연구: 인사동 문화지구를 중심으로 문화지구 지정효과 분석연구: 인사동 문화지구를 중심으로, 서울시립대학교 대학원 석사학위논문.

김경애, 2008, 서울시 문화지구정책의 효과성 연구: 인사동과 대학로 문화지구의 비교, 국민대학교 행정대학원 석사학위논문.

김수연, 2010, 인사동길에 대한 가로경관의 중요도 및 만족도 평가, 한양대학교 도시대학원 석사학위논문.

김지혜, 2012, 인사동 내 업종분포 및 이용행태 변화를 통한 장소성 변화에 관한 연구, 서울시립대학교 대학원 석사학위논문.

마현희, 2005 도심 상업지구내 전시와 판매를 위한 상업시설 계획안: 인사동내 계획안을 중심으로: 상업영역과 문화영역의 공존에 관한 연구, 고려대학교 대학원 석사학위논문.

박현정, 2012, 인사동 정체성 형성 요소로서 용도특성과 변화 연구, 서울시립대학교 대학원 대학원 석사학위논문.

서일윤, 2005, 인사동문화지구 정책에 관한 연구: 도시정부의 장소마케팅 전략 관점에서, 서울시립대학교 석사학위논문.

오영제, 2006, 인사동길의 연속성 보존을 위한 Gate Zone 계획안, 건국대학교 대학원 석사학위논문.

장현진, 2008, 전통음악 공연장 계획안: 인사동의 장소성 분석을 바탕으로, 홍익대학교 건축도시대학원 석사학위논문.

지은희, 2001, 지역 이미지의 형성과정에서 나타나는 이미지의 차이에 관한 연구: 인사동 지역의 사례연구, 홍익대학교 대학원 석사학위논문.

최상웅, 2009, 인사동 지역의 내부가로 형성을 위한 사이공간(in-between space) 활용 방안에 관한 연구, 한양대학교 대학원 석사학위논문.

최호익, 2011, 인사동 커뮤니티센터 계획안: 인사동 도시조직의 반영을 중심으로, 건국대학교 건축전문대학원 석사학위논문.

한원, 2008, 문화지구 조성을 통한 장소마케팅에 관한 연구: 서울시 인사동 사례를 중심으로, 동국대학교 문화예술대학원 석사학위논문.

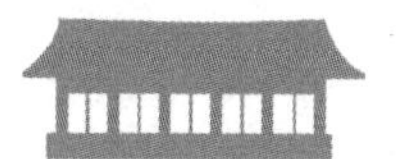

덕수궁, 정동길

근대 신문화의 상징적 공간이자 비운의 공간

구한말 한양의 옛 풍경을 고스란히 간직하고 있는 정동. 그 길은 서울의 5대 궁궐 중 하나인 덕수궁의 대한문에서부터 시작해 신문로까지 이어진다. 덕수궁은 전통 목조건물과 서양 건축 양식이 어우러진 이색적인 공간이다. 구한말 당시 정동은 서구 열강의 공사관이 밀집해 있던 곳으로, 서양 사람들이 들어와 그들의 거주지가 형성되고 서구적 생활 방식이 이루어지면서 신문화의 상징적 공간이 되었다. 전기가 들어와 궁궐을 밝혔고 시내에는 전차가 다녔으며 양복을 입은 내국인도 등장했다. 최신식 학교가 세워져 지리와 수학뿐만 아니라 외국어 교육도 이루어졌다.

시·공간을 초월해 구한말로 되돌아가 이곳 정동에 있는 내 모습을 상상해 본다. 양복을 차려입고 카페테라스에 앉아 커피 한 잔을 마신다. 거리를 지나가기만 해도 양복 입은 모습이 신기한 듯 나를 바라보는 사람들에게 잠시나마 호기심과 부러움의 대상이 되어 본다. 하지만 정동은 강제로 을사조약을 체결해야만 했던 비운의 공간이기도 하다.

―

궁궐 수문장 교대의식이 열리는 대한문

―

옛 서울의 역사적 숨결을 느끼며, 조용히 산책을 즐기기에 덕수궁만큼 좋은 곳이 또 있을까? 5대 궁궐 중 하나인 덕수궁과 그 담장을 따라 이어진 정동길은 이미 여행자들 사이에서도 조선의 근대를 걸을 수 있는 산책 명소로 잘 알려진 곳이다. 최근 북촌과 서촌이 상업 자본에 잠식되어 가는 상황에 대한 비판의 소리들이 나오고 있다. 하지만 정동은 이러한 자본의 손길에서 벗어나 홀로 옛 모습을 고스란히 간직하고 있다. 이처럼 옛 모습을 유지할 수 있는 것은 돌담으로 이어진 경관 때문이기도 하지만 무엇보다 일찍이 정동이 역사적·지리적 가치를 인정받아 개발이 규제되었기 때문이다.

온전히 옛 풍경을 간직한 정동길은 사시사철 방문할 때마다 산책하는 이로 하여금 어머니 품에 안긴 듯 따뜻하면서도 평안한 기분을 느끼게끔 해준다. 지하철 1, 2호선과 바로 연결되어 있어 다른 목적지를 방문할 때에도 시간이 남는다면 잠시 들러 산책을 즐길 수 있는 곳이다. 도시의 일상 속에서 지쳐 갈 때쯤 작은 쉼표를 찍을 수 있는 매력적인 공간이다.

지하철 시청역 2번 출구로 나오면 바로 돌담길과 덕수궁의 정문인 대한문이 보인다. 그 건너편 5번이나 6번 출구로 나와 서울광장에 서면 멀리 기

대한문. 한양을 수도로 하고 새로 태어난 대한제국이 영원히 창대하라는 염원을 담고 있다.

품이 넘치는 대한문의 전경을 볼 수 있다. 2번 출구에서 가로수 길을 따라 100미터도 채 가지 않아 대한문(大漢門)이라고 쓴 현판을 단 덕수궁 정문이 나온다. 이 현판에는 고종이 대한제국을 근대 국가로 탈바꿈시키고자 했던 역사가 숨겨져 있다. 덕수궁이 경운궁이었을 당시 정문에는 대안문(大安門)이라고 쓴 현판이 걸려 있었다. 1906년 대안문을 수리하면서 '대한문'으로 그 이름을 바꾸었는데, 이는 곧 대한제국을 말하고자 한 것이다. 청과 일본, 그리고 러시아, 프랑스, 영국 등 외세의 끊임없는 억압 속에서도 대한제국을 지키려는 의지의 표현이었던 것이다.

한양을 수도로 하여 새로 태어난 대한제국이 영원히 창대하라는 고종 황제의 강인한 염원을 담은 대한문 앞에 잠시 멈춘 채 고종 황제의 꿈을 그려 보면서도 그 이후에 벌어졌던 가슴 아픈 역사가 떠올라 가슴 한구석이 먹

수문장 교대의식에서 열쇠를 인계하는 과정

수문장 교대를 위해 연주를 하면서
이동하는 행렬

먹해진다. 우리나라가 겪은 시련의 역사를 생각하니 서울광장에서 열리는 요란한 공연 소리도, 세종대로를 지나가는 수많은 차량들이 내는 소음조차도 들리지 않는다. 고종 황제의 꿈처럼 이제는 큰 시련 없이 우리나라의 미래가 창대해지길 바라며 여정을 시작한다.

대한문 앞에서 입장권을 구입해 궁궐 안으로 들어가기 전에 이곳에서 열리는 수문장 교대의식을 관람한다. 방문객들이 대한문 주변에 모여들기 시작하더니 어느새 문 주위에 가득하다. 내국인들뿐만 아니라 외국인 방문객들도 꽤나 많이 모여든다. 방문객들은 수문장 교대의식을 위해 덕수궁 돌담길에서부터 열을 맞춰 걸어오는 수문군들의 모습을 보면서 신기한 듯 연신 카메라 셔터를 눌러 댄다.

우리나라의 왕궁 수문장 교대의식은 영국 왕실의 근위병 교대의식과 비견되는 화려하고 품위 있는 전통문화상품으로 자리매김하고 있다. 수문장 교대의식은 월요일을 제외하고 오전 11시, 오후 2시, 오후 3시 30분에 하루 세 차례씩 진행된다. 교대의식은 개식 타고, 군호 응대, 교대의식, 초엄, 중엄, 삼엄, 순라의 순서로 40~60분 정도 진행된다. 조선 시대에는 궁성문 개폐의식, 궁성 수위 의식, 행순(순라의식) 등이 있었는데 지금은 교대의식에 이 세 가지 의식을 하나로 결합해 재현한다.

식이 끝난 후 방문객들은 수문장들에게 기념 촬영을 부탁한다. 수문장들은 당연한 일인 듯 다가가 그들과 함께 사진을 찍는다. 이런 배려에 내국인이나 외국인 가릴 것 없이 만족해하며 즐거운 표정들이다. 유형의 유산이 보존된 가운데 무형의 유산이 함께 어우러져 살아 있는 우리 역사를 몸소 느낄 수 있다는 것에 방문객들의 만족도가 더욱 커지는 듯싶다.

고종과 운명을 같이한 궁궐, 덕수궁

덕수궁은 언제 창건된 것일까? 선조 25년(1592) 임진왜란 때 피난을 갔던 선조가 이듬해 한양으로 돌아왔으나 궁궐이 모두 불에 타 버려, 궁궐을 대신한 것이 덕수궁의 시작이었다. 원래 왕족의 사저였던 덕수궁을 당시 행궁으로 삼으면서 궁궐 역할을 하게 된 것이다. 선조가 승하한 후 광해군은 이곳에서 왕으로 즉위했지만 이곳을 떠나 창덕궁으로 들어가게 되었고 이때부터 이 궁을 경운궁이라고 불렀다.

인조반정으로 광해군이 왕위에서 쫓겨나면서 경운궁의 위상이 크게 달라진다. 인조가 경운궁의 즉조당에서 즉위하였지만, 이후 창덕궁으로 이궁하면서 경운궁을 해체하여 매입했던 토지를 원래 주인들에게 돌려주었다. 당시 경희궁 공사가 완료되어 가는 과정이 그 배경이다. 결과적으로 창덕궁이 정궁이 되고 경희궁은 이궁이 되면서 양궐 체제의 근간을 유지하던 조선에서 경운궁은 더 이상 궁궐로서의 지위가 필요하지 않게 되었다. 그 후 200여 년 동안 경운궁은 비어 있다가 고종이 이곳으로 오면서 다시 궁궐의 역할을 하게 된다.

고종은 1895년 명성황후가 시해당하는 을미사변이 발생하자 경복궁을 떠나 정동에 자리 잡고 있던 러시아 공사관에 피신하였다가 경운궁으로 오게 된다. 경운궁 주변에 서구 열강의 공사관이 많아 경복궁보다 안전했기 때문이다. 고종은 위험한 상황 가운데에서도 1897년 국호를 대한제국, 연호를 광무라 칭하며 황제국임을 선포하였다. 하지만 일본의 압박은 계속되었고 만국평화회의에 밀사를 파견했다는 구실로 고종은 퇴위되었다. 궁궐의 이름도 '덕을 누리며 오래 살라'는 의미인 '덕수(德壽)'로 바꾸었지만, 고

서소문청사 13층 전망대에서 바라본 덕수궁 전경

덕수궁 배치도

종은 조선의 운명과 함께 1919년 1월 함녕전에서 승하하였다.

덕수궁은 사적 제124호로 지정되었고, 경내에는 정전이었던 중화전, 정전 정문인 중화문, 편전이었던 함녕전, 덕홍전, 침전이었던 즉조당, 석어당, 그리고 광명문, 준명당, 대한문 등이 있으며, 구한말에 서양 건축 양식으로 지어진 석조전, 정관헌 등도 있다.

덕수궁은 경복궁을 포함한 서울의 다른 4개 궁궐과는 달리 뒤에 산이 없다. 경복궁과 창덕궁의 경우 서울이 조성되면서 궁궐의 터가 정해져 있었기 때문에 경계가 반듯하게 정리되어 있는 반면 덕수궁은 다른 시설들이 이미 점유하고 있는 상황이었기에 그 형태가 다를 수밖에 없었다.

덕수궁 주변에는 미국, 영국, 독일 등의 공사관이 위치하고 있었다. 고종은 궁역을 확대하기 위해 주변의 민가와 선교사 주거지, 공사관 등을 지속적으로 매입하였다. 독일 공사관을 구입하여 궁역에 포함하고 도로를 폐쇄하려고 했지만 다른 공사관들의 반대로 무산되었다. 외국 공사관의 땅은 구입하기가 어려워 궁역이 기형적인 구조를 갖게 되었다.

현재 덕수궁의 정문으로 이용하고 있는 대한문은 초기에는 정문이 아니었다. 원래는 덕수궁 남쪽 중화문 아래 남향을 하고 있던 인화문(仁化門)이 정문이었다. 지금은 없지만 위치를 찾아보면 옛 대법원과 대검찰청의 중간쯤을 마주 보는 돌담길 자리다. 1904년에 대화재가 발생한 이후 재건하면서 동쪽의 대안문의 이름을 대한문으로 바꾸고 정문으로 삼았다. 그 후 대한문은 일제에 의해 도로가 확장되면서 궁궐 안으로 이동하게 되었다.

1988년 경기여자고등학교가 강남구로 이전하면서 그 터에 15층 규모의 미국 대사관 직원 숙소 건축 계획이 수립되었다. 그러나 이 터는 조선 역대 왕들의 어진을 모셔 놓는 '선원전 터'로 덕수궁에서 가장 신성한 장소로 여

Tip

조선의 5대 궁궐

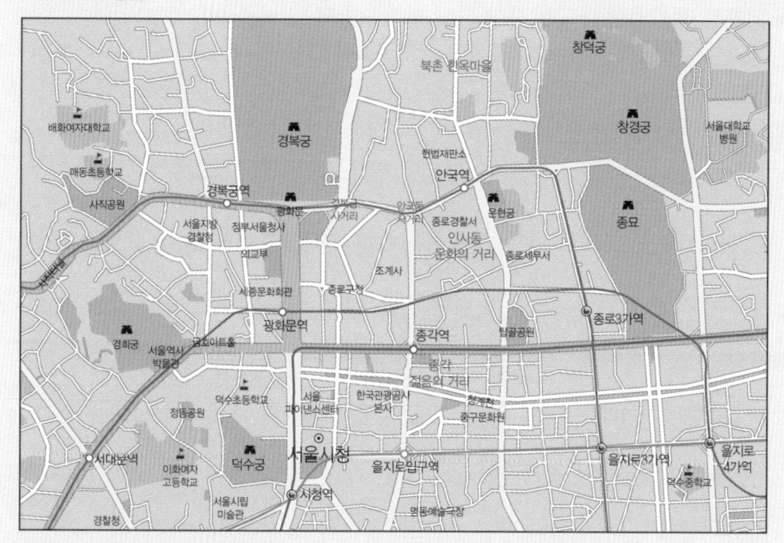

조선 5대 궁궐의 역사

1395년	경복궁 창건, 정궁
1405년	창덕궁 창건
1483년	창경궁 창건, 이궁
1592년	경복궁, 창덕궁, 창경궁: 임진왜란으로 전소
1593년	월산대군 주택에 행궁 설치
1593~1609년	창덕궁 중건(경복궁은 복원하지 않음), 정궁
1611년	경운궁 탄생: 행궁을 경운궁으로 명명, 이궁
1616년	경희궁 창건, 이궁
1623년	경운궁 해체(인조), 궁궐의 위상 상실
1865년	경복궁 중건, 정궁
	창덕궁: 정궁에서 이궁으로 바뀜
	경희궁 해체
1897년	경운궁 중건, 정궁
	경복궁 해체, 궁궐의 위상 상실
1907년	창덕궁: 이궁에서 정궁으로 바뀜
	경운궁: 경운궁에서 덕수궁으로 개칭, 태황제의 거처

서울에는 경복궁, 창경궁, 창덕궁, 경희궁, 덕수궁 등 조선의 5대 궁궐이 자리 잡고 있다. 조선의 궁궐은 경복궁을 중심으로 오른쪽으로는 창경궁과 창덕궁이, 왼쪽으로는 경희궁이, 아래에는 덕수궁이 위치한다. 지도에 있는 궁을 이으면 하나의 원이 된다. 궁궐의 규모를 보면 경복궁이 가장 크고, 덕수궁이 가장 작다. 가장 먼저 만들어진 것은 경복궁이고, 가장 마지막에 만들어진 것은 덕수궁이다.

겨 왔던 곳이다. 이에 시민 단체와 전문가들이 미국 대사관 직원 숙소 건립에 문제를 제기하였고 국민적 관심이 집중되면서 그 터를 되찾게 되었다.

덕수궁의 정전인 중화전

대한문 안으로 들어와 넓은 길을 따라가면 중화문으로 이어지고, 오른쪽 길을 따라가면 함녕전으로 이어진다. 먼저 정면으로 이어진 넓은 길을 따라 중화문으로 향한다. 길에 들어서자마자 궁궐 속 숲길이 펼쳐진다. 아름드리 나무들이 거대한 숲을 이뤄 도심 속에서 조용히 사색하며 산책을 즐기기에 이보다 더 좋은 곳은 없을 듯하다.

100여 미터 걸어 오르니 푸른 숲으로 둘러싸여 있던 하늘이 열리고 그 오른쪽으로 장엄한 문 하나가 보이기 시작한다. 이 문이 중화전을 드나드

덕수궁 안의 숲길

중화전(보물 제819호)

중화문

중화전 앞 품계석

는 정문인 중화문(中和門)이다. 중화문 좌우로는 원래 행각이 연결되어 있었지만 일제 강점기에 철거되고 지금의 모습만 남아 있다. 길 바로 옆에서 중화문을 마주하다 보니 그 규모가 한층 더 커 보인다. 정면 3칸, 측면 2칸의 팔작지붕의 네 끝은 곡선으로 이어져 우리 전통의 미를 더한다. 이 문부터는 궁궐의 중심인 정전과 침전으로 이어진다.

정전인 중화전은 고종이 황제가 된 이후 1902년(광무 6)에 건립되었다.

창건 당시에는 2단으로 조성된 월대 위에 세워진 정면 5칸, 측면 4칸 규모의 중층 건물이었다. 그러나 1904년 화재로 잃고, 1906년 단층으로 중건되었다. 중화전을 둘러싸고 널찍한 마당, 조정을 형성했던 행각들은 일제 강점기에 철거되고 현재는 동남쪽 모퉁이에 일부만이 남아 있다.

선조가 거처하던 즉조당과 석어당

중화전 뒤쪽으로는 준명당, 즉조당, 석어당과 정관헌,● 덕홍전, 함녕전 등이 자리 잡고 있다. 준명당과 즉조당은 바로 옆의 석조전과 비교해 보면 단층형 건물로 상대적으로 규모가 작아 위엄이 떨어져 보인다. 형태가 비슷한 두 건물은 회랑으로 연결되어 하나의 건물처럼 보인다. 멀리 떨어져서 보면 서로 대칭을 이루어 통일성이 느껴지고, 자세히 보면 서로 달라 각각의 개성이 드러난다.

준명당은 정면 6칸, 측면 4칸의 팔작지붕 건물이다. 1897년에 새로 지은 내전의 하나로 고종이 외국 사신을 접견하는 장소로 사용하였다. 이후 1904년 화재로 소실되어 즉조당과 함께 재건되었다. 즉조당은 임진왜란으로 피난을 갔던 선조가 한양에 돌아와 시어소(時御所)로 사용했던 곳이다. 인조가 왕으로 즉위한 곳이라는 의미에서 '즉조'라는 이름이 붙여졌다.

● 1900년에 건립된 것으로 추정되는 이 동서양 절충식 건물은 고종 황제가 다과회를 개최하고 음악을 감상하던 곳이며 한때 이곳에 태조의 어진을 봉안하였다. 규모는 정면 7칸, 측면 5칸으로 내·외진 공간이 마련되어 있다. 내진 공간은 팔작지붕으로 덮여 있고 외진 공간은 차양칸처럼 된 특이한 형태이다. 외진에 두른 철제 난간에는 사슴, 소나무, 당초, 박쥐 등 전통 문양을 넣었다.
(출처: 덕수궁 홈페이지)

중화전 뒤편에 자리 잡은 즉조당. 왕이 즉위했던 건물이고 고종의 거처로도 사용되었다. 좌측에 회랑으로 연결된 건물은 준명당이다.

석어당은 덕수궁의 유일한 중층 건물로 단청을 하지 않은 것이 특색이다.

그 옆으로 준명당과 즉조당보다 높이가 곱절은 되어 보이는 석어당이 자리 잡고 있다. 규모뿐만 아니라 단청을 하지 않은 건물의 색도 확연히 달라 시선을 사로잡는다. 석어당은 광해군 때 인목대비가 10여 년간 유폐되었던 곳이다. 덕수궁에서 유일한 중층 건물로 화재로 소실된 이후 1904년에 다시 지은 것이다.

마지막에 지어진 덕홍전과 고종이 승하한 함녕전

중화전 오른쪽에 자리 잡고 있는 덕홍전(德弘殿)은 정면 3칸, 측면 4칸의 팔작지붕으로 정사각형의 편전이다. 원래 이곳은 덕홍전이 만들어지기 전에 명성황후의 빈전(殯殿)과 혼전(魂殿)●으로 쓰이던 경효전(景孝殿)이 있었다. 1904년 화재 이후 경효전은 수옥헌(漱玉軒) 쪽으로 옮긴 뒤 1906년 덕홍전을 새로 지었고 1911년에 개조하였다. 결국 덕홍전은 덕수궁에서 가

덕홍전은 고종이 외국 사신과 대신들을 만나는 접견실이었다.

용안문 뒤로 함녕전이 보인다.

고종이 승하한 함녕전

● 빈전: 인산(因山) 때까지 임금이나 왕비의 관을 모시던 전각.
혼전: 임금이나 왕비의 국장 후 3년 동안 신주와 혼백을 모시던 전각.

장 마지막에 지어진 건물이 되었다. 그 안을 보면 봉황과 오얏꽃 문양 등을 한 금장식이 있는데 이는 대한제국 황실의 문장(紋章)으로 쓰인 것이다.

덕홍전 옆으로는 'ㄴ'자형의 함녕전이 있는데 몸채는 정면 9칸, 측면 5칸의 규모로, 서쪽 뒤편으로 4칸이 덧붙어 있다. 중앙에 대청이 있고, 양쪽으로는 온돌방, 그 옆으로는 누마루가 있다. 앞면과 뒷면에 툇마루와 온돌방을 두고 있는데 동쪽으로는 고종의 침실, 서쪽으로는 내전의 침실이다. 이것은 경복궁의 강녕전과 같은 구조다. 고종은 1907년 왕위를 물려주고 13년 동안 함녕전에서 머물다가 1919년 이곳에서 승하였다. 함녕전 정문이었던 광명문은 현재 덕수궁 안 남서쪽에 옮겨져 있다.

조선의 궁 안에 자리 잡은 이색 공간

광명문, 그리고 조선의 과학 기술

덕수궁 중화전을 돌아보고 중화문으로 나온 후 오른편으로 이어진 숲길을 따라 이동한다. 친친히 길 안 풍경을 카메라 렌즈에 담으며 50여 미터 걸어가면 작은 건물 하나가 보이기 시작한다. 한자로 광명문(光明門)이라고 쓰인 현판이 서서히 눈에 들어온다.

광명문. 함녕전의 정문 역할을 했었지만 지금은 함녕전과 떨어져 덕수궁 모퉁이에 자리 잡고 있다.

광명문은 과거 함녕전의 정문이었는데 지금은 함녕전과 멀리 떨어져 이곳 석조전 맞은편 숲에 있다. 문 안에는 갖가지 유물들이 전시되어 있다. 멀리서 보면 문 안으로 큰 범종만 보여 방문객들은 종루로 착각하곤 한다.

광명문 안에는 우리 조상들의 지혜를 엿볼 수 있는 자격루(自擊漏)와 신기전(神機箭), 흥천사(興天寺) 종이 보관되어 있다. 그중 방문객의 눈을 사로잡는 것은 신기전을 꽂아 발사했던 기계인 신기전기화차다. 〈신기전〉이라는 영화를 통해서도 소개된 적이 있는 신기전은 고려 말 최무선이 만든 주화라는 무기를 세종 30년에 개량해 만든 것이다. 대나무 화살의 앞부분에 쇠촉을 달고 뒤쪽에는 원통형의 종이 약통을 부착해 불을 붙이면 발사되는 병기다. 신기전에는 대신기전, 중신기전, 소신기전, 산화신기전 등 여러 종류가 있는데, 중신기전과 소신기전이 신기전기화차에서 발사된다.

흥천사 종은 효령대군이 직접 참여해 왕실에서 제작한 것으로 조선 전기의 대표적인 범종이다. 흥천사는 태조 이성계가 계비 신덕왕후의 명복을 빌기 위해 세운 절로, 종은 세조 8년인 1462년에 제작해 사찰 안에 걸어 놓았던 것이다. 중종 5년에 흥천사가 불타면서 흥천사 종은 영조 23년에 경복궁의 광화문으로 옮겨졌다가 창경궁을 거쳐 지금은 광명전에 보관되고 있다.

보물 제1460호인 흥천사 종

보루각 자격루는 국보 제229호로 세종 때 장영실이 만든 자격루를 중종 때 개량해 새로 만든 것이다. 원래 창덕궁 보루각에 있던 것을 이곳으로 옮긴 것이다. 보루각 자격루의

▲ 신기전기화차. 신기전을 꽂아 발사했던 우리나라를 대표하는 병기다.

◀ 보루각 자격루. 세종 때의 자격루를 중종 때 개량해 만든 물시계다.

정밀하고 복잡한 시보 장치는 없어지고 지금은 3개의 물그릇과 2개의 물받이통만 남아 있다. 세계에서 가장 규모가 크고 오래된 물시계인 자격루를 보는 순간 설레기 시작한다. 당시 종이나 징, 북 등으로 시간을 알렸을 자격루가 작동하는 모습을 떠올려 보니 조선의 과학 기술에 대한 뿌듯함이 절로 묻어난다.

Tip

신기전과 신기전기화차

영화 〈신기전〉에서 신기전을 발사하는 모습

세계 최초의 로켓 무기는 비화창(飛火槍)이라는 화약 무기로 1232년 중국 금이 몽골에 대항하면서 만든 것이다. 비화창은 40cm 정도의 종이 통에 흑색 화약을 넣은 것으로 2.5m의 화살대 앞에 묶어 발사하는 무기다. 중국은 1621년 편찬한 『무비지(武備志)』에 로켓 무기를 기록하고 있지만 복원하지 못하고 있다. 하지만 1474년 만들어진 조선의 「병기도설(兵器圖說)」에 세계에서 가장 오래된 로켓의 제작법과 설계도가 남아 있어 국제적으로 인정받고 있는데 이것이 바로 발사 거리가 최대 3.4km에 달하는 조선의 신기전이다. 초기 세종 29년(1447)에는 소·중·대주화가 개발되었고, 세종 30년(1448)에 들어서 신기전(神機箭)으로 이름이 바뀌었다. 신기전은 크기와 특징에 따라 소신기전과 중신기전, 그리고 대신기전과 산화 신기전 등으로 구분한다. 한 번 장전하면 100발 정도로 이를 동시에 발사할 수 있다. 또한 한 발씩 발사되는 산화신기전은 2단 로켓으로 현재의 로켓의 원리와 같다. 1차로 2~3km 정도를 날아간 다음 다시 2차 연소를 통해 400m 정도를 더 날아간다.

이러한 신기전을 실었던 것이 화차인 신기전기(神機箭機)다. 조선 시대의 화차에는 크게 신기전기화차(神機箭機火車)와 총통기화차(銃筒機火車)가 있다. 신기전기화차는 소·중신기전의 대량 발사 장치로 지금의 다연장 로켓과 비슷하다. 사정거리가 가장 길고 강력한 대신기전을 개발한 사람은 당시 군기감 정박강(1406~1460)이다. 세종 27년(1445) 39세의 나이에 군기감(지금의 국방과학연구소)에서 고려 말 최무선 때부터 사용됐던 로켓 병기인 '주화'를 개량해 이를 만들었다. '소발화'라는 폭탄을 부착해 200m를 비행할 수 있는 '중주화'와 대형 폭탄을 탑재해 500m 이상을 비행할 수 있는 대형 로켓화기인 '대주화' 등을 개발하였다. 그가 만든 신기전은 세종 29년에 평안도와 함길도의 4군 6진 지역에 2만 4930개나 배치되었다. 이를 이용해 세종은 여진족을 격퇴할 수 있었다.

자격루가 움직이는 원리

『세종실록』 65권 「보루각기」편에 자격루의 원리에 대해 기록되어 있는 부분을 보면 '물받이통에 물이 고이면 그 위에 떠 있는 잣대가 점점 올라가 정해진 눈금에 닿으며, 그곳에 있는 지렛대 장치를 건드려 그 끝에 있는 쇠알을 구멍 속에 굴려 넣어 준다. 이 쇠알은 다른 쇠알을 굴려 주고 그것들이 차례로 미리 꾸며 놓은 여러 공이를 건드려 종, 징, 북을 울린다.'라고 자세히 기록되어 있다.

즉 자격루는 시간을 측정하는 항아리 부분인 물시계, 물시계로 측정한 시간을 종, 북, 징소리로 바꿔 주는 시보 장치, 물시계와 시보 장치를 연결해 주는 방목(方木)이라는 잣대인 신호 발생 장치로 구성되어 있다.

물항아리를 말하는 파수호는 그 크기에 따라서 대파수호와 중파수호, 소파수호로 나뉜다. 소파수호는 물을 일정하게 유지하는 중요한 역할을 담당한다. 세 파수호를 지나 수수호에 일정 양의 물이 채워지면서 수수호에 있는 잣대가 부력에 의해 위로 떠오르게 된다. 잣대에는 폭이 약 6cm(2촌)의 구리판을 넣고, 이 구리판에는 12개의 구멍을 뚫어 작은 구리 구슬 12개를 넣는다.

소파수호에서 떨어진 물이 수수호의 물을 높이면서 잣대가 점점 올라가고, 잣대 안에 있는 구리판 구멍의 여닫이 기구가 뒤로 젖혀진다. 구리 구멍으로 작은 구슬이 자동 시보 장치의 통으로 들어가 떨어지면 그 아래에 있던 숟가락 받침 모양의 기구가 이 구슬을 받게 된다. 즉 작은 구슬이 숟가락에 떨어지면 위치에너지로 인해 숟가락 모양의 손잡이 부분이 또 뒤로 젖혀지면서 차례로 큰 구슬이 떨어지는 구조다. 이와 같이 과정이 진행되면서 큰 구슬은 2층에 세워져 있는 인형 3개의 팔뚝 부분을 움직이게 되고, 자동으로 종, 북, 징 등을 치게 된다. 자격루는 하루 동안 열두 번, 즉 매시에 한 번 종을 친다. 여기서 말하는 시간은 열두 번 종이 울리기 때문에 지금의 24시간이 아니라 두 시간 정도의 시간을 말한다.

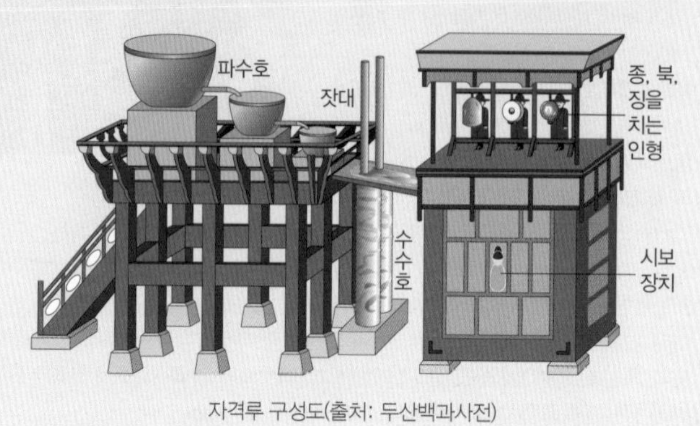

자격루 구성도(출처: 두산백과사전)

조선 궁궐 속 유럽 궁전, 석조전

광명문 맞은편으로는 우리 전통 궁궐 안의 건축물로 보이지 않는 거대한 건축물이 있다. 등나무 길 전면으로 분수대가 있고, 정면과 우측에 서 있는 거대한 석조 건물은 서양 건축미를 풍기고 있어 박물관으로도 보인다. 하지만 이 석조 건물도 덕수궁의 일부인 석조전이다.

석조전과 중화전을 번갈아 보고 있자면 국가와 시대를 한순간에 초월하는 것 같다. 어떻게 궁궐 안에 서양식 건물을 지을 생각을 했을까? 지금의 이슈인 '융합(融合, convergence)'을 보는 듯하다. 서로 너무 달라서 어울리지 않는 듯하면서도 보면 볼수록 제법 잘 어우러진다.

석조전은 크게 본관인 동관과 별관인 서관으로 나눈다. 동관은 1899년

전통 건축인 중화전과 서양식 근대 건축인 석조전이 어우러진 덕수궁의 풍경

영국인 건축가 존 레지널드 하딩이 기본 설계를 했고, 영국인 로벨이 내부 설계를 했다. 1900년(광무 4)에 착공하여 1910년(융희 3)에 완공하였다. 3층 석조 건물로 정면 54.2미터, 측면 31미터이며, 1층은 거실, 2층은 접견실 및 홀, 3층은 황제와 황후의 침실·거실·욕실 등으로 사용되었다. 1919년까지는 고종의 처소로 쓰이다가 일제 강점기에 왕궁미술관으로 전용되면서 내부 장식부터 창호, 굴뚝까지 심한 변형을 겪었다.

기둥은 이오니아식, 실내는 로코코풍으로 장식한 서양식 건축 기법을 보인다. 18세기 신고전주의 유럽 궁전 건축 양식을 따른 것으로 당시 건축된 서양식 건물 가운데 규모가 가장 큰 건물이었다. 이곳에서 1946년 미소공동위원회가 열렸으며, 6·25전쟁으로 일부가 소실되었다가 1954년 다시

석조전은 1919년까지 고종의 처소로 쓰이다가 일제 강점기에 왕궁미술관으로 전용되면서 내부 장식부터 창호, 굴뚝까지 심한 변형을 겪어 복원 공사를 진행하였다.

별관인 서관은 1937년 이왕직박물관으로 지은 건물로 현재는 덕수궁미술관(국립현대미술관 분관)으로 운영되고 있다.

복구되어 1986년까지 국립박물관, 국립현대미술관, 궁중유물전시관, 덕수궁관리소 등으로 사용되어 왔다.

석조전은 2009년부터 복원 공사를 시작하여 2013년 복원을 마무리하였다. 훼손된 대한제국 황궁의 모습을 건립 당시로 되돌리고 대한제국의 역사적 의미를 회복하게 되었으며, 현재는 대한제국역사관으로 사용되고 있다.

별관인 서관은 1937년 이왕직박물관으로 지은 건물이다. 광복 이후부터는 본관의 부속 건물로 사용되었다. 1998년 개관하여 덕수궁미술관(국립현대미술관 분관)으로 운영되어 왔다.

별관과 본관 사이에는 분수대가 있는 정원이 조성되어 있다. 유럽의 정원 양식인 좌우 대칭의 기하학적 형태로 만들어졌고, 분수대가 있는 연못은 방형과 반원형을 조합한 모양이다. 청동으로 만들어졌던 분수대는 일제가 포탄을 만들기 위해 철거하였다. 지금은 예전의 모습이 그대로 복원되었으며 석조전과 서로 어우러져 방문객들이 즐겨 찾는 명소가 되었다.

—

연인과 함께 걷고 싶은 길,
덕수궁 돌담길

—

가을 단풍이 아름다운 덕수궁 돌담길

덕수궁 밖 돌담길은 덕수궁만큼이나 잘 알려진 도심 산책로다. 예전에 이곳에 서울가정법원이 있어 연인이 함께 걸으면 헤어진다는 소문이 있었다. 그 때문에 얼마 전까지만 해도 한적한 가운데 혼자 조용히 사색하면서 걷기 좋던 길이었다.

가을로 가는 길목에 들어선 덕수궁 돌담길. 가을녘 도심 여행지로 방문객들의 발길이 끊이지 않는다.

하지만 지금은 서울의 대표적인 산책 코스로 남녀노소 가릴 것 없이 수많은 방문객들로 붐빈다. 첫발을 내디딘 덕수궁 돌담길은 약간 굽은 차도를 따라 대한문에서 정동교회 앞 사거리까지 길게 이어지는 길이다. 지금의 도로는 기존의 차도를 보행자 중심의 길로 재정비해 조성된 것이다. 자연 친화적인 점토 블록을 만들고, 차도에는 보행자들의 안전을 위해 석고석 포장을 하였다. 이와 함께 느티나무를 비롯한 단풍나무를 심어서 가을의 멋을 더하였다.

덕수궁길이라고도 불리는 이 돌담길은 근대와 현대가 어우러져 복잡한 도심 속에서 여유를 느끼기에 안성맞춤이다. 100미터 정도를 더 걸으면 왼쪽으로 서울시청 서소문청사가 자리 잡고 있다. 과거 이곳은 법원·검찰청으로 사용했던 건물로 서울시가 1989년 서초동 시청사 부지(현 서초동 법원)와 맞바꾸어 시청 별관으로 사용하고 있다. 서소문청사는 얼마 전부터 덕수궁 돌담길과 정동길을 찾는 방문객들이 덕수궁과 거리를 관람할 수 있는 전망대를 만들어 개방하고 있다. 청사에 들어가 승강기를 타고 13층에 위

덕수궁 돌담길. 덕수궁길이라고도 불리는 서울의 대표적인 산책로다.

서울시청 서소문청사 전망대에서 본 덕수궁의 풍경

치한 전망대에 오르면 된다. 방문객들이 편히 관람하면서 쉴 수 있도록 카페 공간도 마련되어 있다. 거리에서만 봐 왔던 덕수궁과 돌담길, 정동길을 위에서 내려다보면 정동이 한눈에 훤히 들어온다. 정동의 옛 공간부터 시작해 현대에 이르는 공간까지 모두를 아우르는 정동 최고의 뷰포인트다.

거리는 축제의 장

덕수궁 돌담길은 사시사철 각양각색의 행사들로 풍성하다. 해마다 개최되는 정동문화축제는 2016년에 18회를 맞이했으며, '돌예공(덕수궁 돌담길 예술시장 공동체)'에서는 창작가들이 직접 만든 도자기, 문패, 시화, 한지 그

덕수궁 돌담길은 다양한 행사가 열리는 문화 예술의 공간이다.

젊은 예술가들은 이곳을 무대 삼아 실험적인 예술 작품을 제작하고 전시한다.

축제 기간 동안 거리에서 갖가지 액세서리들을 판매하고 있어 젊은 여성들의 발걸음이 끊이지 않는다.

림, 천연 비누, 짚 공예품, 나전칠기 등을 판매한다.

이와 함께 정동은 대한민국을 대표하는 커피 축제 개최지로도 발돋움하고 있다. 2016년에 제5회를 맞이했던 '대한민국 커피축제'는 제3세계에 있는 가난한 커피 노동자들의 현실을 알리기 위해 만들어진 축제다. 커피를 무료로 시음할 수 있고, 에티오피아 방식으로 커피를 볶는 체험도 할 수 있다. 축제 기간 동안 발생한 수익금과 후원금은 아프리카의 커피 생산국뿐만 아니라 국내 결식 아동과 독거 노인 등을 돕는 데 쓰인다.

우리 문화유산 축제에서 커피를 다룬다는 것이 어울리지 않을 수도 있다. 하지만 정동 커피의 역사에 대해 알고 나면 근대 정동의 풍경을 이야기하면서 커피를 빼놓을 수 없게 된다. 고종이 커피를 마셨던 곳이 러시아 공사관과 덕수궁이며, 대한민국 최초의 카페인 정동구락부도 이곳 정동에 자리 잡고 있었다. 그러고 보면 커피에 열광하고 있는 현재, 정동은 대한민국 커피의 시작을 열었던 곳으로도 큰 의미가 있다.

향수를 불러일으키는 장독대

돌담길을 따라 걷다 보니 어느덧 정동의 중심 공간, 정동교회 앞 사거리다. 오른쪽으로 덕수궁길, 정면으로는 정동길, 왼쪽으로는 서소문로 11길이다. 사거리와 맞닿은 돌담길 끝에는 작가 이환권의 가족 조형 작품이 전시되어 있다. 돌담길 아래 한 가족이 모여 오붓하게 기념사진을 찍는 듯한 모습의 조형물은 그 생김새가 독특해 방문객들의 시선을 끈다. 무언가 위에서 사람들을 꾹 눌러 놓은 듯, 납작한 형태다. 아래로 눌린 모습만 보면 '이상한 가족'이 어울릴 법하지만 이 작품의 이름은 '장독대'다. 작품 속에서 장독대를 연상할 만한 그 어떤 것도 드러나지 않는다. 작가가 이 작품의 이름을 장독대로 결정한 이유는 장독대에서 겨울나기를 하는 가족의 모습을 떠올려 만들었기 때문이라고 한다. 그 의미를 알고 난 후 이 작품을 다시 보니 가족에 대한 애틋함이 더욱 커진다. 그리고 작품을 보면 볼수록 가

장독대. 장독대에서 겨울나기 하는 가족의 모습을 떠올려 만든 작품이다.

정동교회 앞 사거리에서 미국 대사관 방향의 덕수궁길 이모저모

족의 모습에서 크고 작은 장독의 모습이 연상된다.

정동교회 앞 사거리에서 오른편 덕수궁길로 들어서면 한결 한적해진다. 조용히 산책을 즐기기에 정동에서 이만한 길이 또 있을까? 조용한 거리에서 한가로이 돌담길을 걸으면 그대로 드러난 덕수궁 돌담의 모습과 그 위로 뻗어 나온 고목들의 가지, 그것이 풍성해져서 숲을 이룬 풍경을 제대로 느껴 볼 수 있다. 담장 위에 얹힌 기와는 곡선의 아름다움을 더한다.

미술과 소통을 위한 공간, 서울시립미술관

정동교회 앞 사거리에서 보면 덕수궁길과 서소문로 11길 가운데 '서울시립미술관'이 자리 잡고 있다. 미술 작품을 전시하는 공간일 뿐만 아니라 정동길 산책의 한 축이 되는 곳이다. 미술관으로 올라가는 산책로에 자리 잡은 조그마한 숲은 조각 공원이자 역사의 숨결이 가득한 명소이기도 하다.

먼저 눈에 띄는 것은 거대한 꽃 조형물이다. 최정화의 '장미 빛 인생'이라는 작품이다. 장미꽃으로 만든 부케 같다. 붉은빛이 숲의 푸르름까지 붉게 물들일 정도로 화려하다. 이 외에도 야외 조각 공원에는 배형경의 '생각하다', 서정국의 '대나무', 이우환의 '항-대화', 임옥상의 '서울을 그리다', 조성묵의 '소통', 최우람의 '숲의 수호자' 등의 조형물이 전시되어 있다. 이렇게 야외 조각 공원을 만든 이유는 우리나라 신진 작가의 작품을 전시하면서 야외에서 편히 미술 작품을 감상할 수 있게 하기 위한 것이다. 미술과 사람들이 소통할 수 있는 공간을 조성해 예술의 대중화를 열게 되었다.

'생각하다'라는 작품은 꽃을 심는 사람들의 모습을 담아낸 것처럼 보이지만 청동 인물상은 현실 속의 특정인이 아닌 관념적 인간을 재현한 것이다. 조형적으로 인간의 몸 형태를 빌려 존재의 본질을 찾아가는 과정을 보여 주는 작품이다. 절제된 모습이 우리를 태고의 원초 세계, 현실너머 이상 세계로 안내해 준다. 작품을 보는 방문객들은 서로 작품에 대해 이야기를 나눈다. '이게 뭐야? 그냥 만들어 놓고 말만 가져다 붙인 거잖아! 그냥 대나무를 세워 놓고 작품이래! 나도 이보다 더 잘 만들 수 있을 거 같아.' 하며 예술 작품에 대해 비판적인 평가를 한다. '어떻게 이러한 발상을 할 수 있었을까?', '스테인리스로 대나무를 만들다니! 작가는 어떤 걸 표현하려 했던 것일까?' 하며 예술 작품에 관심을 보이며 칭찬하기도 한다.

미술관 산책로는 돌담길과는 사뭇 다른 매력이 있다. 약간 굽은 길이 언덕으로 이어지고 미술관 건물은 숲에 조용히 숨겨져 있다. 미술관에 대한 호기심을 자극하기에 이보다 더 좋은 곳은 없다. 조금 더 오르면 이곳의 전 주인이 누구였는지를 말해 주는 몇몇 표석이 세워져 있다. 그중에서도 '이황 선생 집터'라고 새겨진 표석이 방문객들의 이목을 끈다. 아무래도 우리나라 사람들이 존경하는 위인으로 손꼽는 인물이기 때문일 것이다. 1501년 경북 안동에서 태어난 퇴계 이황은 1528년 문과에 급제하여 성균관에 입학하면서 상경했다. 그 후 중종 말년에 고향으로 내려갈 때까지 이 미술관 언덕길에 살았다. 무엇보다 평소 검소한 선비의 삶을 살았던 퇴계의 삶은 지금도 우리의 삶에서 순간순간 '겸손함'을 깨닫게 해 준다.

'이황 선생 집터' 표석 옆으로 1600년대 조선 5현의 한 사람인 사계 김장생과 그의 아들인 김집의 생가였음을 알려 주는 표석도 있다. 김장생은 구봉 송익필과 율곡 이이의 수제자로 조선 예학을 대표하는 인물이다. 김집은 아버지의 학문을 이어받아 송시열에게 이를 전승하여 이이를 계승하는 기호학파(이황을 계승하는 영남학파에 대립되는 학파로, 주로 기호지방을 기반으로

최정화의 '장미 빛 인생'

배형경의 '생각하다(Thinking)', 서정국의 '대나무(Bamboo)' 등 작품이 전시된 야외 조각 공원

르네상스풍 파사드를 보여 주는 서울시립미술관

형성된 학풍)를 형성하는 데 중요한 역할을 담당하였다.

50여 미터밖에 되지 않는 길을 따라 전시물을 감상하며 산책을 즐기다 보면 어느덧 언덕 위에 올라선다. 르네상스풍의 파사드를 보여 주는 3층 건물이 눈에 들어온다. 근대 사회로 변화해 갔던 조선 후기로 온 듯한 분위기가 느껴진다. 원래 이 건물은 우리나라 최초의 재판소인 평리원, 즉 한성재판소가 있던 자리다. 일제 강점기인 1928년 경성재판소로 지어진 건물로 광복 이후에는 대법원으로 사용되었다. 1995년에 대법원이 서초동으로 이전하면서 서울시립미술관이 자리 잡게 되었다. 옛 건물은 아치형 현관만 보존한 채 뒤쪽에 3층의 현대식 건물을 신축하여 미술관으로 사용하고 있다. 이 서울 구 대법원 청사는 2006년 등록문화재 제237호로 지정되었다.

지하 2층, 지상 3층의 본관 지하에는 강의실과 세마홀이 있으며, 1층부터는 전시실이 자리 잡고 있다. 1층은 주로 기획 전시 행사를 위한 공간이고, 2층은 전시실과 천경자 화백이 기증한 작품을 전시하고 있는 천경자실로 이루어졌으며, 3층도 2층과 같은 전시실을 비롯하여 크리스털 영상실로 구성되어 있다. 1층에서 2층으로, 2층에서 3층으로 올라갈 때마다 시간의 흐름을 거슬러 올라가듯 설계되었다.

서울시립미술관은 개관 이래로 현재까지 서울을 대표하는 예술 공간으로서 상징적인 역할을 담당해 왔다. SeMA전, 미술관 봄나들이전, 한국추상미술전, 서울미술대전, 한국현대구상회화의 흐름전, 서울국제미디어아트비엔날레 등의 다양하고 독특한 기획전시를 비롯하여 샤갈전, 마티스전, 피카소전, 고흐전, 퐁피두전 등과 같은 세계적인 명작들의 특별 전시회를 진행해 왔다. 미술관에는 천경자, 박노수, 권영우 등 우리나라 작가들과 세계적인 작가들의 총 2500여 점에 달하는 작품이 소장되어 있다.

‘광화문 연가’ 속 근대 문화유산 산책

아름다운 근대 문화유산 산책, 정동길

정동교회 앞 사거리에서 정동극장과 이화여자고등학교 동문을 지나 경향신문사가 자리 잡은 정동 사거리에 이르는 길을 일컬어 ‘정동길’이라 한다. 가을이 되면 수많은 방문객들이 이곳을 찾는다. 양 갈래로 이어지는 은행나무 가로수 길은 연인들이 두 손을 꼭 잡고 사랑을 속삭이며 걷기에 안

가을녘 정동길은 서울에서 가장 아름다운 산책로로 손꼽힌다.

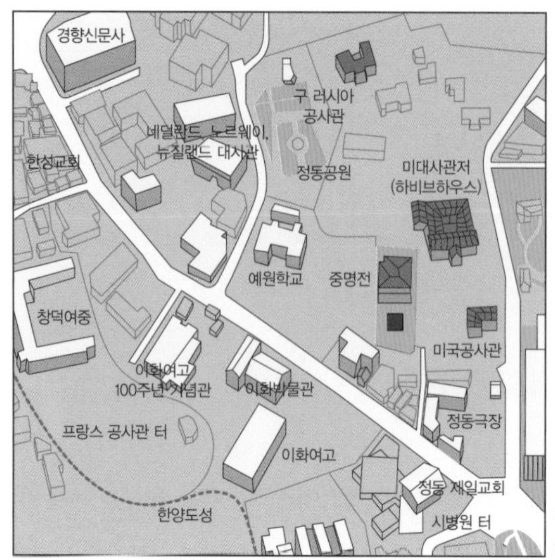

정동은 우리나라 근대의 역사를 간직한 근대 박물관이다.

성맞춤이다. 중고생들, 젊은 연인들, 노부부를 비롯하여 어린아이들까지도 이 거리를 찾고 산책을 즐긴다. 홀로 이 길을 걷노라면 가을바람에 흔들리는 가로수가 귀에 대고 정동의 옛이야기를 속삭이는 듯하다.

근대 서울의 역사를 간직한 정동길은 '서울 근대 박물관'으로도 불린다. 조선 태조 이성계의 계비인 신덕왕후의 정릉(貞陵)이 자리하여 '정동'이라는 이름이 붙여졌다. 조선 후기 근대 사회로의 이행기에 접어들면서 이곳에 신문화 공간이 조성되었다. 외국인 선교사와 양인들이 이곳에 들어와 토지를 구입하여 자리를 잡았다. 한국 최초의 신식 여학교인 이화학당, 한국 최초의 근대식 중등 교육기관인 배재학당, 그리고 독립신문사가 자리를 잡았으며, 19세기 후반 러시아 공사관을 비롯하여 외국의 공관들도 속속 들어섰다. 우리나라 최초의 서구식 호텔인 손탁호텔도 이곳에 세워졌다.

근대 문화의 흔적을 간직하고 있어서일까? 그 이후로 정동길은 서울의

「광화문 연가」의 작곡가 이영훈을 기리는 마이크 모양의 노래비가 세워져 있다.

대표 산책로로 오랜 사랑을 받아 왔다. 1999년 서울시에서는 '걷고 싶은 거리' 1호로 지정하고 2차선이었던 덕수궁길은 일방통행 도로로 만들었다. 이후에는 '낙엽 쓸지 않는 길'로 지정되었고, 2006년에는 건설교통부가 선정한 '한국의 아름다운 길 100선'에서 최우수상을 수상하였다.

덕수궁 돌담길과 정동길을 배경으로 사랑의 추억을 노래한 「광화문 연가」는 1988년에 발표됐지만 지금까지 사람들의 사랑을 받고 있으며, 20~30대 젊은이들뿐만 아니라 10대 청소년들에게도 많이 알려졌다. 정동길의 분위기와 여전히 잘 어울리는 애틋한 가사를 음미하며 이 길을 걸어 본다.

"언젠가는 우리 모두 세월을 따라 떠나가지만 / 언덕 밑 정동길엔 아직 남아 있어요 / 눈 덮인 조그만 교회당"

현대인으로 살면서 세월이 빠르게 흘러간다는 것은 누구나 느낄 것이다. 그래서 가끔 예전의 풍경들이 그대로 남아 있는 공간에 서면 나도 모르게 옛 생각에 빠져들곤 한다. 정동길이 그런 공간인 듯싶다. 세월이 가도 변하

정동교회 앞 사거리

지 않는 공간, 덕수궁 돌담길, 조그만 교회당 모두 그대로다.

이곳에 오면 멀리서부터 「광화문 연가」 속 '교회당'의 배경인 정동교회가 보이기 시작한다. 가을 초입 단풍이 물들기 전부터 교회당은 이미 붉은빛을 띤다. 교회당이 먼저 가을 손님들을 반긴다.

정동교회 앞 사거리는 한가운데에 원형의 쉼터가 마련되어 있고 이것을 중심으로 차들이 돌아가는 로터리다. 쉼터에는 음악 분수대가 설치되어 있어 한여름이 되면 음악 선율에 맞춰 분수가 춤을 추는 모습도 즐길 수 있다. 방문객들이 쉼터에 앉아 담소를 나누는 모습이 정겹다.

돌담길에서 교회당을 바라보던 시선을 오른편으로 살짝 돌려 보면 「광화문 연가」의 작곡가 이영훈을 기리는 마이크 모양의 노래비가 세워져 있다. 거리 풍경을 해치지 않고 있는 듯 없는 듯해서 오히려 규모 있게 만들어진 기념비보다 더 크게 다가온다. 살아생전 그의 삶이 이렇지 않았나 하는 생각이 든다. 내 작은 바람이 있다면 이영훈 작곡가의 사진과 가사를 현

수막이 아니라 오래 담을 수 있는 기념 판에 새로 담았으면 하는 것이다.

한국 최초의 개신교 교회인 정동교회

1897년 한국 최초의 개신교 교회인 정동교회(정동제일교회)가 정동길 한 가운데에 자리하게 되었다. 개항기 초 정동길 주변은 선교사, 외교관 등이 매입한 땅에 그들의 건축물을 지으면서 서양풍의, 서양인들의 거주지로 변화해 '양인촌'으로 불리기도 했다. 6·25전쟁 후 거리가 조금씩 확장되다가 1977년에는 대한문에서 경향신문사에 이르는 구간이 확장되면서 오늘날의 거리 형태로 변모했는데 그 중심에서 있는 것이 바로 정동교회다.

붉은색 벽돌로 만들어진 고딕 양식의 이 교회는 대부분의 고딕 건축물들과 달리 규모가 작고 내부 구성이 소박하다.

붉은 벽돌로 쌓은 벽체가 특징인 이 교회당의 남쪽에는 큰 종탑이 있다.

우리나라의 개신교는 1882년 만주에서 서양인 목사와 「누가복음서」를 간행한 서상윤이 1884년 이 성경들을 몰래 가지고 들어와 황해도 송천에서 복음을 전파한 것이 그 시작이다. 1885년에는 미국인 감리교 선교사인 아펜젤러(H. G. Appenzeller)와 장로교 선교사인 언더우드(H. G. Underwood)가 입국하여 기독교 전파와 교육 사업에 뛰어들었고, 그들이 주로 활동했던 무대가 바로 정동이다. 당시 조선에서 기독교 전파는 허락되지 않았기 때문에 교육 사업을 통해 전도를 시작하였다. 언더우드 선교사는 1887년 정동 13번지의 한옥에서 복음을 알리기 시작하였고, 이후 그는 새문안 교회를 설립하게 된다. 아펜젤러도 한옥에서 '베델예배당'이라는 이름으로 전도를 시작하였다. 1887년에는 정동 37번지에 배재학당(培材學堂)을 세우고, 근처 한옥을 개조해 교회당을 세웠다. 이것이 정동교회의 전신이고, 이후 착공을 시작해 1897년 10월 붉은색의 고딕 건축물로 재탄생하였다. 건축 초기에는 단층 건물에 십자형 평면이었으나 1926년 증축하면서 삼랑식(三廊式) 구조로 바뀌었다.

이 교회당은 고딕과 신재료들을 활용한 복고풍의 절충주의 양식인 빅토리아식(빅토리아 여왕이 재위 시기의 양식) 건축이다. 건물의 전면은 화려한 외관보다는 전체적으로 고전주의 전통에 기반을 둔 간결하고 소박한 디자인이 그 특징이다. 창은 크기가 서로 다른 아치형 구조로 가운데 중심 창을 두고 양쪽으로 대칭을 이룬다.

정동교회 100주년 기념탑

붉은 벽돌로 쌓은 벽체가 특징인 이 교회당의 남쪽에는 큰 종탑이 있다.

정동교회에도 시련이 있었다. 6·25전쟁으로 교회당이 반이나 무너져 내렸기 때문이다. 그러나 전쟁 후 1953년 곧바로 수리하여 원래의 모습을 되찾았다. 정동교회는 1889년 한국 최초의 월간 잡지 《교회》를 발간하였고, 1922년에는 한국 최초로 여름성경학교를 개설하는 등 선구적인 선교 활동을 전개하였다. 정동의 근대 역사를 간직한 정동교회는 현재 사적 제256호로도 지정되어 있다.

한국 최초의 근대식 중등 교육기관, 배재학당

교회 앞 정동 사거리에서 정동교회 남쪽 종탑을 지나 100미터 정도를 천천히 걸어 오른다. 거리 중간쯤에 작은 공원이 들어서 있고 건너편으로는 서울시립미술관의 다른 입구가 있다. 다시 뒤돌아 보면 붉은색 벽돌로 만들어진 근대식 건물 하나가 보이기 시작한다. 그 뒤로 배재대학교라는 커다란 간판을 단 현대식 고층 건물이 이곳이 어떤 곳인지를 짐작할 수 있게끔 해 준다.

바로 이곳이 배재학당이다. 1885년 미국 북감리교 선교사인 아펜젤러가 설립한 우리나라 최초의 서양식 근대 교육기관이다. 고종 황제는 1886년 '유용한 인재를 기르고 배우는 집'이라는 뜻으로 '배재학당(培材學堂)'이라는 이름을 하사하였다.

지금 남아 있는 건물은 1916년에 세워진 배재학당 동관으로 2008년 배재학당 역사박물관으로 새롭게 문을 열었다. 배재학당은 우리나라를 대표하는 인재들을 많이 배출하였다. 한글학자 주시경을 비롯해 시인 김소월,

우리나라 최초의 근대식 중등 교육기관이었던 배재학당. '유용한 인재를 기르고 배우는 집'이라는 의미를 가진다.

독립운동가 지청천, 소설가 나도향 등이 배재학당 출신이다.

근대식 극장 원각사를 복원한 정동극장

정동교회와 배재학당을 둘러본 후 그 윗동네인 정동길로 오른다. 1차선 도로 양쪽으로 제법 큰 은행나무 가로수들이 숲길을 이룬다. 가로수길 주변으로 간혹 큰 건물들도 있지만 대부분 5층 이하로 풍경을 해치지 않고 자연스레 어우러진다. 경향신문사로 올라가는 길 왼편에는 정동교회와 이화여자고등학교 담장이 서로 이어져 덕수궁 돌담길에서부터 시작해 한 공간처럼 느껴진다.

5미터 정도 오르면 길 오른편으로 2층 높이의 붉은 벽돌 건물이 눈에 들어온다. 영문으로 'MISO'라고 쓴 노란색 간판을 달고 있다. 간판 디자인이 일본 음식점 간판 같기도 하다. 그 뒤로 정동극장이라는 글씨가 벽에 새겨져 있다. 정동극장은 이미 많은 사람들에게 알려져 있는 명소이지만 가까이 가기 전까지는 이곳이 정동극장이라는 사실을 알 수 없을 듯하다.

정동극장을 근대 문화유산으로 알고 있는 사람들이 있지만 그 첫 시작은 지금으로부터 얼마 되지 않은 1995년이다. 그렇다면 이 극장이 정동의 근대 문화유산 코스로 자리 잡게 된 이유는 무엇일까? 그것은 이 극장이 국내 최초의 근대식 극장인 원각사를 복원한다는 의미를 담아 세워졌기 때문이다. 1995년 당시 국립중앙극장의 분관으로 설립되었고 재단법인이 만들어진 후 1997년부터 전통예술 공연이 이곳에서 펼쳐지고 있다. 특히 앞서 본 노란색 간판의 '미소'는 15년째 무대에 오르고 있는 정동극장의 대표 작품이다. 2010년 '전통예술의 대중화, 세계화, 명품화'를 가치로 내건 이 극장은 미소 전용관으로 새롭게 문을 열게 되었다.

붉은 벽돌로 지은 전통예술 공연장인 정동극장

극장 앞 잔디로 덮인 조경수를 쉼터 삼아 경계석 위에 걸터앉아 가을 햇살을 맞으며 독서 삼매경에 빠져 있는 학생들의 모습을 종종 목격하게 된다. 정동극장의 소박한 모습을 대변하는 듯하다. 앞뒤로 네 개의 원형 기둥이 떠받들고 있는 듯한 정동극장의 정문은 그 규모가 웅장하지는 않지만 그 안에 소박한 매력이 있다. 극장 안으로 들어가면 정면에는 조각 작품이 설치되어 있고, 왼편에는 카페가 자리 잡고 있다.

극장 입구에서 오른쪽으로 가면 지하로 내려가는 계단이 있다. 정동극장의 공연장은 지하에 있다. 282석 규모의 지하 공연장에서는 이 극장의 대표 상설 공연인 미소를 관람할 수 있다. '미소MISO(美笑)'는 춘향과 몽룡의 사랑 이야기를 현대적으로 재해석하여 춘향과 몽룡, 학도의 삼각관계로 이야기가 전개된다. 이 뮤지컬은 2012년 한국관광공사에서 실시한 '상설공연 활성화 현황 조사 연구'에서 14개의 상설 공연 중 종합 평가 1위에 선정되기도 하였다.

조각 작품, 야외 극장, 카페 등이 설치된 정동극장

비운의 장소였던
중명전과 러시아 공사관

대한제국 비운의 장소, 중명전

정동극장 옆 조그마한 골목길로 들어서면 그 끝에 옛 초등학교 정문 정도로 보이는 철문이 나오고, 그 뒤로 붉은 벽돌로 만들어진 옛 건축물 하나가 자리 잡고 있다. 정문 안으로 들어가면 양쪽으로 네모반듯한 정원이 펼쳐지고, 정면에 근대의 대사관처럼 보이는 2층 건물이 들어서 있다. 이 건물이 바로 비운의 장소로 알려진 중명전(重明殿)이다.

대한제국 비운의 장소 중명전(사적 제124호). 고종이 임시로 업무를 보던 공간이다.

근대의 격동기였던 1897년, 고종은 국호를 대한제국이라 칭하고 스스로 황제임을 만천하에 선포하였다. 당시 중명전은 정동 지역 서양 선교사들의 거주지에 속해 있었으나, 1897년 경운궁(현 덕수궁)이 확장되면서 궁궐에 포함되었다. 중명전은 황실 도서관으로 지은 것으로 첫 이름은 수옥헌(漱玉軒)이었다. 하지만 1904년 경운궁 대화재 이후 고종은 이곳으로 거처를 옮겨 황제의 편전으로 사용하였다. 이미 아관파천(俄館播遷)을 통해 러시아 공사관에 1년여를 기거한 경험이 있기 때문에 이 공사관과 가까이 위치한 중명전을 택했는지 모른다. 왜냐하면 당시 한반도에서 유일하게 일본을 견제할 만한 강대국은 러시아였기 때문이다.

그렇다면 고종이 집무실이자 외국 사절 알현실로 사용된 중명전이 어떻게 비운의 장소로 알려진 것일까? 그것은 1905년 이곳에서 을사조약(乙巳條約)이 체결되었기 때문이다. 한 맺힌 일제 강점기의 역사가 바로 이곳에서 시작된 것이다. 1904년 경운궁 대화재 사건도 그냥 발생한 것이 아니라 일본이 고의로 방화를 했다는 견해도 있다.

1905년 11월 17일 당시 일본의 특파 대사였던 이토 히로부미가 총칼로 무장한 일본군들로 포위하고 고종 황제와 대신들을 위협해 강제로 을사조약을 맺었다. 특히 이완용, 박제순을 포함한 이른바 을사오적까지 끌어들여 조약을 맺고 외교권을 박탈하였다. 이후 1907년 고종은 을사조약이 무효라는 것을 전 세계에 알리기 위해 이곳에서 헤이그로 밀사를 파견했으나 결국 이 사건으로 인해 고종은 강제로 왕위를 찬탈당하고 만다.

복원된 중명전, 이제는 역사의 산증인이 되다

중명전은 정부가 사들이기 전에는 주차장으로 이용되었을 정도로 현대의 역사에서 소외되었던 공간이다. 1905년 을사조약 체결, 1907년 헤이그 특사 파견 등 대한제국 시기 역사의 현장의 중요성을 인식하면서 문화재청이 이를 복원하게 되었다. 2007년 12월 복원공사를 시작하였고 2010년 그 모습 그대로 복원되었다.

중명전 현판. 청나라 서예가 하소기가 쓴 것으로 '광명이 이어진다'는 뜻이다.

건물 입구에는 '중명전(重明殿)'이라고 쓴 현판이 걸려 있다. 청나라 서예가 하소기(何紹基)가 쓴 것으로 '광명이 이어진다'는 뜻을 담고 있는데, '명'자가 明이 아니라 眀이다. 이를 보는 내내 고종의 꿈과 함께 그 비운의 아픔도 느껴진다.

건물 내부는 대한제국 전시관으로 조성되어 있는데, 1층 전시 공간은 '중명전의 탄생', '을사조약을 증언하는 중명전', '주권 회복을 위한 대한제국의 투쟁', '헤이그 특사의 도전과 좌절'로 구성되어 있다. 필자가 방문했던 2013년에는 2층에 고종의 어진, 어새, 관련 문건 등이 전시되어 있었다.

중명전의 과거 모습을 보여 주는 모형과 고종 황제가 사용했던 거북이 모양의 어새(옥새)가 특히 인상적이다. 어새는 고종 황제가 비밀리에 보내는 편지나 문서에 사용했던 것이라고 한다. 고종은 을사조약이 자신의 의사와 상관없이 강제로 이루어졌다는 것을 국제 사회에 알리기 위해 1907

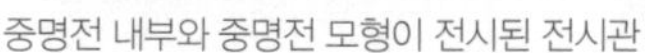

중명전 내부와 중명전 모형이 전시된 전시관

헤이그 특사 파견과 만국평화회의 현장을 보여 주는 전시관

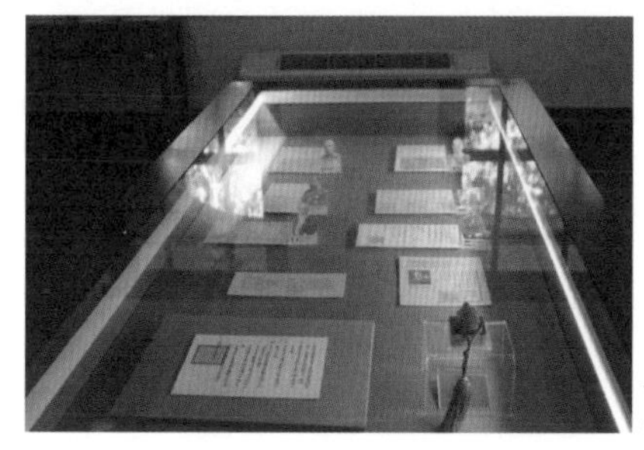

고종이 사용했던 어새(옥새)와 조약을 체결한 국가들에게 보낸 친서

년 헤이그에서 열리는 제2차 만국평화회의에 이준, 이상설, 이위종을 특사로 파견했다. 특사들은 회의장 안에 들어갈 수는 없었지만 각국 대표들에게 탄원서를 제출하고, 만국평화회의보와 각국 신문 기자단이 모인 국제협회에 한국 정부의 입장을 알리는 등 외교적 노력을 펼쳤다. 이 어새와 수호조약을 체결한 각국의 원수에게 보낸 친서를 보면 황제의 권위와 국권을 회복하기 위해 고종 황제가 얼마나 노력했는지를 실감하게 된다.

중명전에서 커피를 즐기다

경운궁(현 덕수궁) 안에 자리하고 있었던 중명전은 877.8제곱미터(236평) 2층 규모의 서양식 건물이다. 황실 도서관이 1901년 화재로 소실되어

1902년 러시아 건축가인 사바틴이 설계해 건축한 것이다. 일제 강점기 시절 경운궁이 축소되고 1915년 외국인에게 임대된 이후 1960년대까지 외국인의 사교 모임인 경성구락부(Seoul Union)로 사용되었다.

비운의 역사와 함께했던 중명전은 우리나라 최초의 커피 마니아로 알려진 고종 황제가 그 테라스에서 대신들이나 외국 손님들과 커피를 즐겨 마신 장소이기도 했다. 고종 황제의 승하를 두고 일본에 의한 독살이라는 의혹이 역사 학계에서는 꾸준히 제기되어 왔다. 고종 황제가 즐겼던 가비(커피)에 의한 독살이라는 '가비 음모설'을 다룬 〈가비〉라는 영화도 등장하였다. 가비 음모설에 의하면 고종은 이미 커피 맛에 익숙한 터라 입안의 커피를 뱉어 냈다고 한다. 하지만 같은 자리에서 커피를 마셨던 순종은 이 독에 중독되어 치아 18개를 잃었다는 설도 전해진다.

역사 이야기 속에 등장하는 중명전과 커피를 주제로 문화유산국민신탁에서는 '테라스 프로젝트'를 진행하였다. 2013년에는 10월 한 달 동안 중명전에서 스타벅스 코리아의 후원을 받아 이 행사를 진행하였다. 앞으로도 이 행사를 지속적으로 진행한다고는 하지만 한국 커피 시장에서 비싼 커피

중명전에서 가비(커피)를 즐기던 고종 황제와 가비에 얽힌 독살 음모를 다룬 영화 〈가비〉의 한 장면

값을 받아 문제가 되었고 공정무역 커피에 대한 논쟁의 중심에 서 있었다. 또한 제공한 커피를 보면 모든 것이 스타벅스에서 만들어진 것으로 커피 잔까지 스타벅스 마크가 그대로 그려진 것이었다. 이 프로젝트를 진행하는 취지는 좋을지 몰라도 여러 가지 논쟁의 중심에 있던 외국계 기업인 스타벅스의 후원을 받는 것에 대한 타당성 문제를 재검토해 보아야 하지 않을까 하는 의문이 남는다.

근대 열강의 각축장이었던 정동

지금 정동에는 영국을 비롯해서 캐나다, 러시아, 뉴질랜드 등 주요국의 대사관이 밀집되어 있다. 대사관이 많아서 삼엄한 경비로 조용한 지금과는 달리 100여 년 전 정동은 열강의 각축장이었다. 강대국들의 공사관이 앞다투어 궁궐 옆 정동으로 들어오기 시작했던 것이다. 당시의 모습을 떠올려 보며 정동길을 걷는다.

정동길을 따라 정동 사거리 쪽으로 오르면서 중명전과 예원학교를 지나 오른편으로 돌면 나오는 오르막길을 따라 오르다 보면 언덕 위에 3층 정도 되는 하얀 석탑 하나가, 길 아래로는 정동공원이 자리 잡고 있다. 정동공원은 지금은 한적한 공원에 불과하지만 100년 전에는 러시아 공사관이었던 곳이다. 어림잡아 봐도 언덕부터 이어진 러시아 공사관의 규모가 상당했던 것을 알 수 있다. 공원 안에는 곧게 뻗은 소나무와 작은 단풍나무 몇 그루가 심겨 있고, 그 한가운데에는 러시아풍의 정자가 멋을 내고 있다.

러시아 공사관 3층 탑에 올라 아래를 내려다보면 그다지 높지 않은 언덕임에도 정동 일대가 한눈에 들어온다. 당시 강대국이 공사관 입지로서는

정동공원에서 바라본 구 러시아 공사관의 3층 탑. 조선 후기 격동의 시기의 모습이 아로새겨 있다.

으뜸이었던 이곳에 자리한 러시아의 힘이 느껴진다. 당시에는 경운궁뿐만 아니라 경복궁과 서울 4대문 안을 모두 내려다볼 수 있었다. 정동에서 가장 웅장한 규모를 자랑했던 러시아 공사관은 당시 주변에 자리 잡고 있던 미국, 영국, 프랑스, 독일 등의 공사관을 모두 압도할 정도였다.

고종 황제는 일본을 견제하기 위해서 서양 세력을 이용하려고 했다. 그중에서도 극동까지 영향력을 행사했던 러시아를 적극적으로 끌어들였다. 원래 이 자리도 경운궁의 한 부분으로 발굴 당시에 공사관의 지하층 구조가 발견되기도 하였다. 러시아와 외교 관계가 성립된 시기는 갑신정변을 전후하여 이미 일본과 미국, 영국, 독일 등과 통상조약을 체결한 상태에서다. 1884년 7월 조로수호통상조약(朝露修好通商條約)을 체결하고 1885년에 착공하여 1890년에 러시아 공사관이 세워졌다. 러시아 공사관이었던 장소는 현재 정동공원, 3층 탑 부분, 일부 아파트 부지 등으로 나뉘어 있다. 지

러시아 공사관이 있던 정동공원과 공원 한가운데 세워진 러시아풍 정자

금도 러시아 대사관은 정동의 옛 배재고등학교 부지에 1990년 한·러 수교 이후 새롭게 조성되어 있다.

구 러시아 공사관은 근현대사의 한 장면인 아관파천의 장소다. 명성황후가 시해된 을미사변 이후 일본군의 위협을 느낀 고종과 왕세자가 1896년 2월부터 1897년 2월까지 일 년 동안 피신했던 장소다. 이로 인해 친일 세력이었던 김홍집 내각은 무너지고 친러 세력이었던 박정양 내각이 조직되었다. 당시 열강들에게 이권을 빼앗긴 고종은 경운궁으로 환궁한 이후 국호를 대한제국(大韓帝國), 연호를 광무(光武)로 고치고 황제로 즉위하였다.

Tip

구 러시아 공사관은 어떤 모습이었을까?

구 러시아 공사관은 1890년 고종 27년에 건축된 벽돌조 르네상스풍의 건물이다. 당시 이를 설계한 사람은 러시아 건축가가 사바틴이다. 러시아에서 입수한 배치도, 그리고 잔존한 탑의 실측도와 보수 설계도를 분석하여 공사관의 평면을 복원하였다. 공사관 본관은 H자형 평면을 하고 있다. 남·동·서측 3면에 아치 열주(列柱: 줄지어 늘어선 기둥)가 있는 아케이드(열주에 의해 지탱되는 아치 또는 반원형의 천장 등을 연속적으로 가설한 구조물과 그것이 조성하는 개방된 통로 공간을)를 두어 세 면이 모두 정면성을 지니고 있으며 또한 각각의 면에 출입문이 나 있고, 북동 측 끝 모서리에 탑이 위치하고 있다.

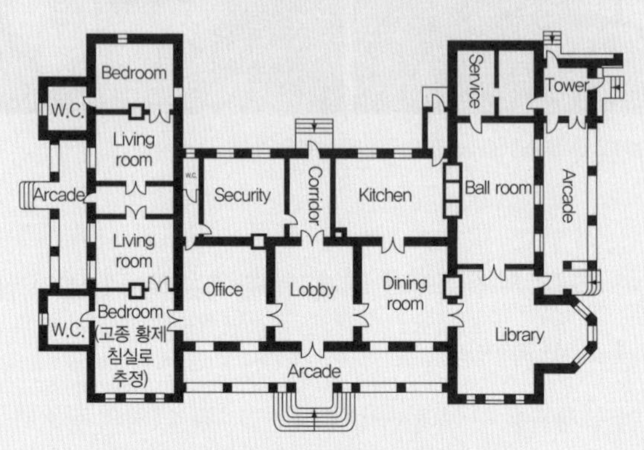

구 러시아 공사관의 평면도(출처: 김정신, 2010)

전체 평면은 중앙부, 동·서 날개부 등 3개의 부분으로 구성되어 있는데 중앙부는 가운데(종축) 정면 현관-로비-복도-후문, 그리고 좌측에 공사관 사무실과 비서실이, 우측에 식당과 주방이 배열되었으리라 짐작되며, 좌측(서측) 날개부가 사생활 영역으로서 서측 출입구와 복도를 축으로 남·북쪽에 각각 거실과 침실, 그리고 침실에 연결된 화장실이 배치되었다. 동측 날개부는 남측에 베이 윈도(bay window)가 나 있는 서재와 연회실, 그리고 연회실에 부속된 부속실(창고, 탑출 입구)로 구성되었다. 전체 면적은 외벽 마감선으로 계산하면 752㎡에 이른다. 공사관 본관은 적색 벽돌의 조적조 건물인데 외벽은 화강석 줄기초 위에 벽돌 2장 쌓기로 하였으며, 회반죽으로 마감하였다.

대한제국 시에 한국에 체류했던 프랑스 고고학자 에밀 부르다레의 방문기에 '붉은 벽'에 대한 언급이 있지만 잔존한 탑부의 보수 공사 시 확인한 결과 원래부터 회반죽으로 마감하였음을 확인하였다. 즉, 아치나 몰딩부의 조적 상태가 모르타르 마감 없이는 불가능할 정도의 조악한 상태였으며, 마감줄눈의 흔적을 찾아볼 수 없었다. '붉은 벽'은 아케이드 안쪽 벽을 지칭한 것으로 보이며 사용된 벽돌은 65×120×250㎜ 규격의 러시아제 벽돌로 파악하고 있다. 건물의 지붕은 우진각 형태의 경사지붕으로 한식 기와를 얹은 것이 특징이다.

(출처: 김정신, 2010을 재구성)

이화여고에서 관립법어학교까지

이화여고 안 문화유산 '심슨기념관'과 '손탁호텔'

정동길의 마지막 산책 코스는 정동길 따라 왼쪽에 있는 돌담, 그 너머에 있는 이화여자고등학교이다. 이 길을 따라 오르면 이화여고의 정문 격인 동문이 있다. 대한민국 국민이라면 누구나 다 알고 있는 소녀 독립운동 영웅, 유관순 열사가 다녔던 학교다. 주변에도 역사적 명소들이 있지만 이화여고는 오랫동안 그 모습을 보존하고 있어 방문객들이 끊이지 않는다.

이화여고 담장을 따라 이어지는 길

처음 보았을 때는 학교 건물이 아니라 박물관이라는 생각이 들 정도로 근대 건축의 양식이 고스란히 남아 있다. 이화여고는 1886년 미국 북감리교 선교사 스크랜튼에 의해 세워진 우리나라 최초의 여성 교육기관이다. 1887년 고종은 학생들이 배

심슨기념관. 우리나라 여성 교육의 산실인 이화여고의 상징으로 현재는 이화박물관으로 불린다.

꽃처럼 화사하게 자라기를 바라는 뜻에서 '이화학당(梨花學堂)'이라는 명칭을 하사하였다. 일제 강점기에는 대부분의 아이들이 학교에 다니기 힘들 정도로 가난했다. 남녀 불평등 시대에 그것도 여성으로서 고등학교까지 다닌다는 것은 그 자체만 해도 대단한 일이었다.

신문화 여성 교육의 상징으로 학교 내에는 정문인 사주문을 비롯하여 우물터, 심슨기념관 등 100년이 넘는 역사의 흔적을 고스란히 간직하고 있다. 학교 정문에 들어서면 그 왼편에 붉은색 벽돌로 지은 '심슨기념관'이 자리 잡고 있다. 이 건물은 현재 이화박물관으로 불리며 이화여고의 상징이다. 1915년 미국인 사라 J. 심슨(Sarah J. Simpson)이 위탁한 기금으로 세워진 건물로 교내에서 가장 오랜 역사를 자랑한다. 지하 1층, 지상 3층의 건물로 6·25전쟁 당시 붕괴되었다가 1960년에 복원되었고 2002년에 등록문화재 제3호로 지정되었다.

심슨기념관 외에도 학교 내에는 우리나라 최초의 호텔이었던 '손탁호텔'이 있었다. '손탁빈관(Sontag賓館)'으로도 불렸던 이 호텔의 이름은 앙트와네트 손탁(Antoinette Sontag)의 이름을 딴 것이다. 프랑스에서 태어난 독일인이었던 그녀는 1885년 초대 한국 주재 러시아 공사 베베르(Karl Ivanovich Veber)와 함께 우리나라에 왔다. 그리고 베베르의 추천으로 궁궐에서 양식과 외빈 접대를 담당하였다.

1895년에는 고종으로부터 집을 하사받았고 그곳을 외국인들의 집회 장소로 사용하였다. 1902년에 그 집을 허물고 2층의 서양식 호텔을 만들었는데, 이것이 바로 손탁호텔이다. 호텔은 임금의 개인적인 돈인 내탕금(內帑金)으로 신축했기 때문에 영빈관용이라고 할 수 있다. 1층은 일반 외국인 객실, 주방, 식당, 커피숍, 2층은 국빈용 객실이 들어섰다. 전형적인 러시아 건물 형태로 1층과 2층의 창 사이의 벽을 작게 하고 벽 전면을 아케이드 모양으로 건축하였다. 1층에는 우리나라 최초의 커피숍인 '정동구락부'가 있었다.

1917년 이화학당은 미국 교회에서 모금한 성금으로 손탁호텔을 구입하여 기숙사로 사용하였다. 1922년에는 호텔 건물을 철거하고 프라이 홀을 건축하였지만, 1975년 소실되었다. 지금은 손탁호텔의 흔적을 찾아볼 수 없지만 그 터를 보여 주는 표석이 학교 동편 정문 안에 남아 있다. 하지만 손탁호텔의 정확한 위치에 대해서는 아직도 학자들 간의 논쟁이 진행되고 있다. 두 차례 옮겨진 이 표석의 위치도 정확하지 않다고 하는데, 최근 밝혀진 바에 의하면 이화여고 100주년 기념관이 있는 자리가 그 터였다고 한다.

손탁은 고종에게 커피를 처음 소개해 준 것으로도 알려져 있다. 당시 고종이 마신 '로서아 가비'(러시아 커피의 옛 명칭)가 조선에 들어온 최초의 커피다. 고종이 커피를 마셨다는 설에 대해서 학계의 논쟁이 있기도 했지만 최근에는 이를 정설로 인정하고 받아들이고 있다. 손탁과 고종을 이야기하다 보면 이곳에서 한 번쯤은 고종 황제가 즐겨 마셨다는 커피를 마셔 보고 싶다는 생각이 든다. 이 근처에 '로서아 가비'나 '고종 커피' 등의 상호를 단 카페를 그 누군가가 낸다면 큰 인기를 얻을 것 같다. 여건이 된다면 직접 해 보고 싶지만, 누군가 그 뜻이 있다면 이를 권유하고 싶다.

정동길 500년 역사를 간직한 회화나무

이화여고 건너편으로 가지가 무거운지 쇠 기둥에 몸을 기대고 있는 나이 많은 나무 한 그루가 있다. 이 나무는 콩과에 속하는 낙엽활엽교목으로 한국, 중국, 일본 등지에 분포하는 회화나무다. 원뿔 모양의 꽃은 한여름 8월에 피고 황백색이며 열매는 가을에 익는다. 초록빛의 잎은 가을 햇살을 받아 담녹색을 띤다.

회화는 한자로는 '괴화(槐花)'라고 적으며, 괴화나무라고 부르기도 한다. 글을 쓰는 서예나 작품을 만드는 '회화(繪畫)'라고 생각하기 쉽지만 이 나무의 회, 즉 괴(槐)의 한자를 보면 나무와 귀신이 합쳐져 만들어진 글자로 잡귀를 막아 주는 나무라는 의미를 가지고 있다. 궁궐, 서원, 향교, 가옥, 묘 주변에 이 나무를 많이 심는 것도 악귀를 물리치려는 의미에서다. 이 나무는 우리나라 역사문화 명소에서 쉽게 볼 수 있다.

이 나무의 영문명은 '차이니즈 스칼러 트리(Chinese scholar tree)', 또 다른 이름은 학자수(學者樹)이다. 그래서일까? 조선 시대 사대부 집안에서는 이

나무를 반드시 심었다. 이 나무에 학자수라는 이름은 왜 붙게 된 것일까? 그 유래는 중국 주나라 때 궁궐에서 찾아볼 수 있다. 조정의 뜰에 세 그루의 회화나무를 심고 삼공(三公, 우리나라의 3정승)이 회화나무와 마주 앉도록 하여 이 나무가 최고 벼슬을 상징하게 되었고, 벼슬을 바라는 사람들은 이 나무를 꼭 심었기 때문이다. 이 나무는 별칭도 많다. 벼슬에 오를 수 있다고 하여 출세수(出世樹), 행복을 준다고 하여 행복수(幸福樹)라 했으며, 양반들의 나무라고 하여 양반수(兩班樹)라고도 불렀다. 또한 판관(判官)이 송사(訟事)를 결정할 때 이 나무를 가지고 판결을 했다.

최근 각 지역에 조성되는 공원마다 회화나무를 심고 있다. 그래서 나무 자체가 크지는 않지만 어디를 가든 쉽게 볼 수 있다. 꽃과 열매는 말려 한약으로 사용하고, 나무에서는 모세혈관을 강화시키는 효능을 가진 루틴(rutin)을 추출하여 혈관 보강약을 비롯하여 고혈압, 피로 회복, 강장용 의

정동길 500여 년의 역사를 간직한 회화나무. 나이만큼이나 이 길에서 가장 오랜 역사를 간직하고 있다.

약품으로 사용된다.

수형은 아카시아 나무와 비슷하게 생겼지만 회화나무의 생명력은 비교할 수 없을 정도로 길다. 정동길의 회화나무 줄기는 손을 쭉 편 상태로 성인 세 명이 둘러도 모자랄 정도로 그 덩치가 꽤나 크다. 그 옆에 위치한 캐나다 대사관을 재건축할 때에도 이 나무의 수형을 고려해 설계했다. 반면 나무의 가지는 520년이 넘는 역사 속에서 속절없이 잘려 나간 듯하다. 이 나무가 이곳에 심긴 이유나 홀로 남게 된 이유에 대해서는 아직 밝혀진 바가 없다. 하지만 분명한 것은 오랫동안 이곳에 남아 있었다는 것은 이곳이 분명히 조선 왕조에서 중요한 곳이었으며, 이 나무가 오랫동안 그 상징적인 역할을 해 왔다는 사실이다. 앞으로도 꿋꿋이 살아남아 정동길 역사의 한 장면으로 남길 바라는 마음이다.

관립법어학교 터, 어서각 터, 프란치스코 교육회관

정동길 끝자락에는 어서각 터와 프란치스코 교육회관이 자리 잡고 있다. 그 전에 관립법어학교 터를 잠시 둘러본다. 이 법어학교는 서구 열강과 외교·통상 관계를 맺던 개화기인 1895년 설립되어 프랑스 어를 가르치던 곳이다. 당시 중국에서 프랑스 어를 법어(法語)로 표기하여 이를 따라 부른 것이다. 프랑스와 국교(1886)를 맺은 지 9년 만인 1895년, 고종은 프랑스 특사의 요청을 받아들여 프랑스 어를 가르치는 법어학교 설립을 명했다. 이 학교는 프랑스 어 통역관을 양성하는 것이 목적이었지만 산수, 지리학, 한문, 체육 등 일반 학과목도 가르쳤다. 특히 지리학은 프랑스 어로 세계의 정세를 파악하고 세계관을 바꾸는 역할을 하였다.

개화기에 설립된 관립법어학교 터　　　　영조의 어필을 보관하던 어서각 터

흥미로운 것은 당시의 기록이다. 당시 이탈리아 영사로 대한제국에 머물렀던 카를로 로제티가 『꼬레아 에 꼬레아니』라는 법어학교 탐방기를 남겼다. 당시에도 얼마나 관리들의 비리가 심했는지 학교 예산의 일부가 도중에 사라지는 일이 많았다고 전하고 있다. 부족한 교과서와 사전, 지도를 선교사들이 직접 사비를 털어 구입했다고 하니 얼마나 심했는지 짐작할 수 있다. 지금은 법어학교 터 표지판만이 남아 당시 이곳에 학교가 있었음을 말해 주고 있다. 하지만 아직도 학교 터에 대한 정확한 위치에 대한 고증이 없어 논란이 되고 있다.

정동길 끝 프란치스코 교육회관 앞에는 '어서각 터'가 있다. 어서각은 왕의 어필을 봉인하던 곳을 말한다. 이곳은 최규서의 집터로 그 안에 영조의 어필을 봉인하던 어서각이 있었지만 지금은 터를 알리는 비석만 남아 있다. 최규서는 영조 때 영의정까지 지낸 인물이다. 그런데 최규서는 어떠한 연유로 어필을 받게 되었을까? 최규서는 영조 즉위에 대한 불만 때문에 이인좌 등이 일으킨 난을 평정한 공을 세웠다. 영조가 그 공을 기록하려고 했으나 그는 이것을 원하지 않았다. 이에 영조는 최규서에게 '일사부정(一絲扶鼎)'이라는 어필을 내렸다. 이 말의 뜻은 '한 가닥의 실올로 솥을 붙든다',

민중의 삶을 보호하고 대변하는 역할을 담당했던 프란치스코 교육회관과 작은형제회 사무실

즉 '한 가닥 절의로서 나라를 붙든다'라는 절개와 충성을 상징한다.

어서각 터 뒤에는 1987년 개관한 프란치스코 교육회관과 작은형제회가 자리 잡고 있다. 이곳 1층 성당에서는 선교와 관련된 다양한 행사를 진행한다. 국가적 문제가 발생했을 때 기자 회견이 이루어지는 장소이고, 명동성당, 조계사 등과 같이 사회 혼란기에 민중을 대변하는 역할을 담당한다.

프란치스코는 1208년 성 마리아 성당에서 "그리스도의 제자들은 전대에 금도 은도 돈도 소유해서는 안 되고, 길을 떠날 때 식량 자루도 돈지갑도 빵도 지팡이도 가져가서는 안 되며, 신발도 두 벌의 옷도 가져가서는 안 되고, 하느님 나라와 회개를 선포해야 한다."는 복음을 듣고 이를 전파하게 되면서 그를 따르는 형제들이 많아졌다고 한다. 그의 삶을 따른 형제들의 모임을 '작은형제회'라고 하며 교육회관 뒤편에 사무실이 있다.

비록 짧은 기간이었지만 대한제국의 중심지였던 정동은 우리의 근대를 이끌었다. 서울시가 서울시청 앞에서부터 환구단, 덕수궁, 중명전 등을 따라 '대한제국의 길'을 조성한다고 하니 이곳에서의 역사 산책이 기대된다.

도시 산책 플러스

교통편

1) 승용차 및 관광버스

- 승용차: 영국 대사관 옆 노상 공영 주차장, 국세청 주차장, 서소문 청사 주차장, 한성 민영 주차장
- 관광버스: 시청, 덕수궁 앞

2) 대중교통

- 지하철: 1호선과 2호선 시청역 ①② 출구 덕수궁 방향
- 버스: 마을버스(종로09, 종로11), 간선(103, 150, 401, 604) 지선(1711, 7016)

플러스 명소

◀ 환구단. 조선 고종 때 하늘에 제사를 드리던 제단으로 한자로는 '圜丘壇(원구단)', 한글로는 '환구단'으로 표시함

▶ 신아 기념관. 1930년대 철근 콘크리트 공법으로 건축, 1965년 창간된 신아일보사가 1980년 제5공화국 시절 언론 통폐합 당시 본관으로 사용하였음

산책 코스

○ 시청역 ··· 대한문 ··· 덕수궁 ··· 덕수궁 돌담길 ··· 서울시립미술관 ··· 정동 사거리 ··· 정동교회 ··· 정동길 ··· 정동극장 ··· 아하바 브라카와 르풀 ··· 신아 기념관 ··· 덕수궁 중명전 ··· 이화여고 심슨기념관(이화박물관) ··· 손탁호텔 터 ··· 정동공원 ··· 구 러시아 공사관 ··· 회화나무 ··· 관립법어학교 터 ··· 어사각 터 ··· 프란치스코 교육회관

맛집

1) 정동극장 주변

- 위치: 정동길 41
- 맛집: 덕수정, 아하바 브라카, 정동길, 르풀

2) 덕수궁 앞

- 위치: 덕수궁길
- 맛집: 할머니국수, 무교동낙지, 덕수궁피자, 벨기에와플, 이얼싼

3) 새문안로

- 위치: 삼청로
- 맛집: 강남면옥, 로뎀나무, 감미, 어반가든

참고문헌

고주환, 2005, 한국 근대양식 건축물의 보존을 위한 보수기법에 관한 연구: 보수공사 사례를 중심으로, 극동대학교 대학원 석사학위논문.

김정동, 2007, 대한제국 또 하나의 현장, 중명전에 관한 연구, 건축·도시환경연구 14.

김정신·발레리 알렉산드로비치 사보스텐코·김재명, 2010, 구한말 서울 정동의 러시아 공사관에 대한 복원적 연구, 한국건축역사연구 19(6), 61-78.

김태영, 2003, 한국근대도시주택, 기문당.

김태중, 1996, 개화기 궁정 건축가 사바찐에 관한 연구: 고용경위와 경력 및 활동환경을 중심으로, 대한건축학회논문집 12(7), 107-119.

서울특별시사편찬위원회, 2009, 서울지명사전.

솔출판부, 2004, 한국 미의 재발견 - 궁궐·유교건축, 솔출판사.

신서경, 2010, 덕수궁(경운궁) 일대의 역사공원 설계, 서울대학교 환경대학원 석사학위논문.

신혜원·한동수, 2005, 덕수궁(德壽宮) 정관헌(靜觀軒)의 양식 고찰에 관한 연구, 대한건축학회 학술발표대회 논문집 - 계획계/구조계 5(1), 371-374.

안창모, 2010, 덕수궁 복원정비 기본계획과 중명전 복원이 남긴 과제, 한국건축역사학회 학술발표대회논문집, 81-100.

이형준, 2013, 우리 아이 역사 여행 당일여행으로 가볍게 떠나는 서울 경기 역사 체험 가이드, 시공사.

중구문화원, 2008, 정동 역사의 뒤안길, 상원사.

최정규·박성원·정민용·박정현, 2010, 죽기 전에 꼭 가봐야 할 국내 여행 1001, 마로니에북스.

한국콘텐츠진흥원, 2007, 문화콘텐츠닷컴(문화원형백과 구한말 외국인 공간/정동).

한국학중앙연구원, 2009, 한국민족문화대백과, 한국학중앙연구원.

한동희, 2010, 사진을 이용한 덕수궁 현황기록 방안, 성균관대학교 대학원, 석사학위논문.

한소영·조경진, 2010, 덕수궁(경운궁)의 혼재된 장소성에 관한 연구 -대한제국시기 이후를 중심으로, 한국전통조경학회지 28(2), 45-56.